插图本中国建筑雕塑史丛书

宋辽金夏建筑雕塑史

史仲文——丛书主编
王贵祥　汪礼清——主编

上海科学技术文献出版社
Shanghai Scientific and Technological Literature Press

图书在版编目（CIP）数据

宋辽金夏建筑雕塑史 / 史仲文主编 . 一上海：上海科学技术文献出版社 ,2022
（插图本中国建筑雕塑史丛书）
ISBN 978-7-5439-8421-9

Ⅰ . ①宋… Ⅱ . ①史… Ⅲ . ①古建筑一装饰雕塑一雕塑史一中国一宋辽金元时代②古建筑一装饰雕塑一雕塑史一中国一西夏 Ⅳ . ① TU-852

中国版本图书馆 CIP 数据核字 (2021) 第 181443 号

策划编辑：张　树
责任编辑：付婷婷　张亚妮
封面设计：留白文化

宋辽金夏建筑雕塑史
SONGLIAOJINXIA JIANZHU DIAOSUSHI
史仲文 丛书主编　王贵祥 汪礼清 主编
出版发行：上海科学技术文献出版社
地　　址：上海市长乐路 746 号
邮政编码：200040
经　　销：全国新华书店
印　　刷：商务印书馆上海印刷有限公司
开　　本：720mm×1000mm　1/16
印　　张：13.25
字　　数：197 000
版　　次：2022 年 1 月第 1 版　2022 年 1 月第 1 次印刷
书　　号：ISBN 978-7-5439-8421-9
定　　价：88.00 元
http://www.sstlp.com

CONTENTS

目录

宋辽金夏建筑雕塑史

宋辽金夏建筑雕塑史

宋辽金夏建筑雕塑史

SONG LIAO JIN XIA JIAN ZHU DIAO SU SHI

王贵祥　汪礼清

第一章

概述

1

唐宋时期是中国历史上十分灿烂辉煌的一个时期，无论在政治上、经济上，还是在科学技术和文化艺术上，都达到了前所未有的高度。这一时期应当说是中国历史上的中古时期，而两宋、辽金及西夏时期，则居于中国中古时期的后半段，是中国封建社会由盛而衰的一个历史转折时期。

唐帝国在中国历史上的异峰突起，造成了一个极伟大的地位与极灿烂的文化，以及十分辽阔的版图。疆域广大，就需要强大的武力，故始则设六都护，继则置十节度，以固边防。这些节度使们拥兵自重，不免骄横，且因上层统治者的腐化，渐生事端。先是安史之乱，随之而来的是一个藩镇割据的动荡时期，加之中、晚唐以来的宦官专权，如雪上加霜，最后导致曾盛极一时的唐王朝的崩溃。经五代战乱后，后周世宗励精图治，力图重创统一局面，可惜英年早逝。其幼子恭帝继位后，赵匡胤陈桥兵变，黄袍加身，是为宋太祖。

第一节

宋代历史、文化概要

>>>

一、宋代历史概要

后周显德七年（960）建立宋王朝的太祖赵匡胤继承了周世宗的统一大业。他与太宗先后平荆南、扫南平、合后蜀、伐南汉、并南唐、灭北汉，迫使吴越王纳土归宋，在十五六年的时间里，除后晋时期割让给契丹人的燕云十六州之外，大体上完成了统一。

太祖“杯酒释兵权”，削除武将的权力，铲除藩镇势力，提高监察御史的权力，以抑制晚唐以来的流弊，加强中央集权。其结果也导致了军队作战能力的减退以及官吏的谨小慎微。然而，有宋一代在文化上则有较大的发展，这与宋代文人士大夫的地位比较高是有一定联系的。太祖登基时，曾立下誓言“不杀士大夫”。启用文臣知州事，是宋代的一大举措，“白衣卿相”日多。这样的结果，在很大程度上刺激了文化事业的发展。但是也造成了一些积弊，如两宋时的奸相多为文臣。

宋太祖赵匡胤

与北宋对峙的是位于北方的辽国。辽于后梁贞明二年（916）立国，为契丹人的政权。宋初，辽人常常南犯，宋人取守势。太祖曾设封桩库积累资金，以期从辽人手中赎回燕云十六州；倘若辽人不允，则也可作为军费。随着宋初经济的迅速发展，宋人开始采取积极收复辽人占领的幽燕诸州的攻势。太平兴国四年（979），宋太宗曾御驾亲征，北伐辽邦，结果大败于高梁河。此后雍熙三年（986）又再次伐辽，亦以失败告终。继之，景德元年（1004），辽人南犯，引起宋廷内的和战之争。结果主战派占了上风，真宗采纳寇准的意见，亲往澶州迎战。辽兵受挫，士气大减，双方谈判，从而签订澶渊之盟，宋、辽两家结百年之好。两国以兄弟相称，宋为兄国，辽为弟国，条件是宋向辽岁输白银 10 万两，绢 20 万匹；双方可以往来互市。其间无多事端，只是在庆历二年（1042）西夏与宋开战之时，辽曾趁机要挟，以增加岁贡的数量，将宋室每年输辽的岁币改为银 20 万两，绢 30 万匹。百余年间，宋、辽之间，和和战战。

在辽、宋对峙的同时，由党项族建立的西北西夏政权开始强大。党项人是羌人的一支，唐末战乱时，其部落酋长曾带兵参加过围剿黄巢起义军的战役，所以，酋长拓拔思被赐姓李，并被封为夏国公。天授礼法延祚元年（1038），李元昊建立了大夏国，登基称帝，并对宋用兵。由于宋朝军队的作战能力差，所以夏、宋之战常常是宋邦大败；但西夏也没有获得什么好处，既没有得到宋的疆土，每次劫掠所得也远不能补偿用兵费用。于是，双方举行和议，宋每年给西夏银 7 万两（1 两 =0.05 千克），绢 15 万匹，茶 3 万斤（1 斤 =0.5 千克），并重开边界互市交易。此后，西夏与北宋之间，也再未动兵戈。

北宋军事上的无能，以及豢养着数量庞大的官僚体系与雇佣军队，使国家处于积贫积弱的状态，由此导致了历史上有名的王安石变法。北宋中叶，政府中的当权人物范仲淹、欧阳修曾提出新政，主要是选拔贤能与裁汰贪官冗员。但新政实行不过半年，范仲淹就被排挤，新政罢黜。神宗继位后，于熙宁二年（1069）起用王安石实行新法。其法一为保护农桑；二为整理税收；三为控制贸易；四为整饬军备。变法的目标是富国强兵。然则，变法触及了一些大地主阶层的利益，从而引起党争。支持变法的宋神宗去世以后，其子哲宗继位，高太后垂帘听政，启用司马光等旧党人物，尽去新法，出现了“元祐更化”的复辟局面。元祐八年（1093），高太后卒，哲宗亲政，又图变法，启用新派人物。但新派人物重新掌权后，只将精力放在对旧派人物的打击报复上，新法成了派系倾轧的工具。新旧党争一直延续到宋末。

哲宗之后的徽宗赵佶，是一个昏庸之辈，被蔡京、童贯等人左右。他们提出一个"丰亨豫大"的口号，要把朝廷宫殿及其他各种场面都搞得富丽堂皇。因此大肆搜刮民脂民膏，在京师汴梁大兴土木，使久已存在的积贫积弱的局面加剧。

在宋辽、宋夏和战的反复之中，中国北方又有一股力量崛起。12世纪，位于白山黑水之间的生女真完颜部渐渐兴起。完颜阿骨打统一各部落后称帝，其所建立的金王朝迅速扩张，渐渐构成了对辽与宋的威胁。宣和二年（1120），宋廷派人从海上北渡，与金人订立了海上之盟，约定双方夹攻辽国，条件是如夹攻成功，则燕云十六州归宋，宋将每年给辽的岁币如数转给金。结果，先是宋与金合力于宣和七年（1125）灭辽。接着，金人趁势南下，直逼宋廷。靖康二年（1127），金人攻陷北宋东京汴梁，将徽、钦二帝掠往北方，并将汴京府藏劫掠一空，是为靖康之变。

北宋灭亡之后，钦宗之弟康王赵构称帝，以临安为都，从此开始了南宋与金的对峙局面。南宋初年，虽曾进行过一些抗金活动，但受奸相秦桧的破坏，抗金斗争归于失败，宋室偏安一隅。南宋与金，百余年和和战战。经济较为发达的南宋，以退让与金钱换取和平，如绍兴十一年（1141）的和议条款中协定：宋主称臣奉表于金；宋岁贡金人银25万两，绢25万匹。而隆兴元年（1163）的和议中，宋主称金主为叔父。嘉定元年（1208）的和议中又称："依靖康故事，世为伯侄之国"。南宋与金的对峙一直延续到端平元年（1234）蒙古人灭金。元至元八年（1271），元世祖忽必烈正式建立了元帝国，之后大举对南宋用兵。宋祥兴二年（1279），文天祥、陆秀夫立卫王赵昺为帝，流徙于南海崖山后，文天祥被俘，陆秀夫负幼帝投海。至此，南宋灭亡，延续了320年的中国中古时代的两宋、辽金、西夏时期，终告结束。

二、宋代文化概要

宋代承唐之旧，文化昌明繁盛。哲学上周敦颐及程朱的理学渐兴。文学上除了从市井间发展起来的小说、平话之外，在诗歌方面还发展了宋词，又有豪放与婉约两种风格，留下了许多或气势恢宏，或含蓄缠绵的辞章。绘画上，两宋名画家尤多，而又以山水著称，如李成、董源、范宽、米芾等，南宋还有马远、夏圭。另外人物画、花鸟画也达到很高的水平。宗教上，宋人以佛道并重。宋初，太祖赵匡胤修废寺、造佛像，并派行勤等 157 人赴印度求法，刊印大藏经。太宗特设译经院，并建佛寺，前后度僧尼 17 万人。真宗时全国僧尼已达 46 万人。同时，又大兴道教，真宗时修造玉清昭应宫，规模宏丽，7 年方成。徽宗时又建玉清和阳宫、上清宝箓宫。两宋的科学技术也有了十分重要的发展，如活字印刷术、火药制造术、制炮术的发明及指南针的改进等。宋代沈括的《梦溪笔谈》可以反映出宋代人多方面的科学技术知识。

宋代石雕菩萨像

第二节

辽、西夏、金历史概要

\>>>

一、辽代历史概要

辽为契丹人的王朝。据《辽史》记载，契丹人也是上古炎帝的后裔，其生活方式“以攻战为务”“以畋渔为生”，但也从事农业生产，即“喜稼穑，善畜牧”，过着一种游牧与耕稼并重的生活。唐时契丹人主要散布在今东北的南部及原热河一带，其部族所居的范围北抵今黑龙江省，东与朝鲜相临，西北达今蒙古国，南边已延伸至今冀东一带。辽初，契丹人有八个部族，为但利皆部、乙室活部、实活部、纳尾部、频没部、内会鸡部、集解部、奚盟部。早期契丹人“草居野次，靡有定居”①，唐时各部族已“各有分地”，并专意于农稼。随着契丹的定居，部落联盟首领耶律阿保机统一各部族，并开始南犯，入山西、河北一带劫掠人口、牲畜及财物。后梁贞明二年（916），唐王朝灭亡之后不久，阿保机建立了契丹政权。

契丹人也受到汉文化的影响。如汉人韩延徽等就对契丹人的汉化起了一定的作用，使契丹人从“俗无邑屋”的原始状态，而至“营都邑，建宫殿，法度井井”②。同时创制文字，“制契丹字数千，以代刻木之约”。

辽天显元年（926），太祖阿保机死，太宗德光继位。天显十一年（936），德光进逼山西，立后晋石敬瑭为儿皇帝，得石割让的幽（北京）、蓟（蓟县）、瀛（河间）、莫（任丘）、涿（琢县）、檀（密云）、顺（顺义）、新（涿鹿）、妫（怀来）、儒（延庆）、武（宣化）、云（大同）、蔚（蔚县）、朔（朔州）、应（应县）、寰（朔州东）等十六州，并改国号为辽（意为“铁”）。由此，也隐伏下了辽、宋两个王朝百余年和和战战的种子。虽然经澶渊之盟，双方有百年之好，但小的摩擦还持续不断。直至北方女真人的兴起，先后灭亡了辽与北宋，这场因属土之争而引起的恩恩怨怨才得以了结。

二、西夏历史概要

西夏源起于党项民族。党项是羌人的一支，隋、唐时称党项，至金代时又称为唐古族或唐兀族。唐代时党项人与中原汉地就有密切的联系。唐末，其酋长被赐姓李，号夏国公，其地为夏州。宋初其酋领李彝兴因助宋与北汉作战有功，殁后追封为夏王。其子李克睿承其号。至宋真宗景德元年（1004），其首领李德明被宋正式封为大夏国王。宋仁宗明道元年（1032），德明之子元昊立。元昊自恃国力强悍，便反叛宋廷，

① 《辽史·营卫志》。

② 《辽史·韩延徽传》。

于宋宝元元年（1038）自号为大夏国皇帝。其时夏人的势力已相当强大，其所辖属土，已有今日之内蒙古、甘肃及黄河以西诸地，号称方圆有2万余里。

由于夏土经济仍十分落后，宋与西夏多有贸易往来，如宋以缯、帛、罗、绮及药材、瓷器与夏的马、羊、毡毯互易等。因为元昊反叛，宋朝屡屡宣布绝市，禁止边民贸易。由此，更引起双方的冲突，夏与宋之间便常有战事发生，其间也屡有和议。宋哲宗元符二年（1099），宋以大军进逼夏，夏挽辽人媾和，此次和议维持了较长时间。夏宝义二年（1227），西夏被后来崛起的蒙古人所灭。

三、金代历史概要

女真是今满族的前身，是起源于东北地区的一个游牧部族。西周至战国时期的肃慎、山戎等部族，东汉时的东胡部落，南北朝时期的鲜卑部族，以及唐朝时的靺鞨部族，都属于这一部族系列。唐玄宗开元年间，以其地置黑水府，任命部落首领为都督、刺史，赐都督姓李，名献诚，领黑水经略使。五代时，居于今松花江（时称混同江）以北，哈尔滨以东的部落，被称为生女真；而居于松花江以南的部落，则称为熟女真。两个部落群均先后成为辽的属领。

生女真主要源于按出虎水（阿勒楚哈河）沿岸，至完颜乌古迺（同乃）时，其内部的部落联盟形成。其下部落称猛安，氏族名谋克，酋长称勃极烈。每一猛安之下包括8～10个谋克。至完颜阿骨打时，部落联盟渐形巩固，开始吞并邻近的部落，并依据汉字及契丹字创制自己的文字——女真文字。宋徽宗政和五年（1115），阿骨打即帝位，创国号为金。

迅速崛起的金人很快灭亡了辽与北宋，并据有东北与中原的大片属土，由此出现了金与南宋的对峙状态。屈辱求和的南宋君臣“寻澶渊盟誓之信，仿大辽书题之仪，正皇帝之称为叔侄之国，岁币减十万之数，地界如绍兴之旧”。宋主除向金主纳贡外，还得称金主为叔父。金自章宗（1190—1208）时急速趋于衰落。随着漠北蒙古政权的兴起，及蒙古与南宋的南北夹击，据有中原的金王朝，于哀宗天兴三年（1234）灭亡。

第二章

城 市

2

中国古代都城于春秋战国时期初步形成雏形，其特点是以君主与贵族宫苑为主的城与普通百姓宅舍及作坊为主的郭各自分立与相互依存。即“筑城以卫君，造郭以守民”①。至秦汉时出现全国性的大都城，城市规模有了很大的发展，城与郭也处于混杂交错的状态。在这些大都城中，宫苑占据了很大的空间，百姓闾里只是夹杂于宫阁墙陌之间。

汉末三国及南北朝，都城发展有了一变。都城中的宫苑渐趋集中，城市内部有了一定的功能分区。如三国曹魏邺城，将宫殿、苑囿（铜雀台等）及贵族居住区（戚里）与普通里坊区之间，用一条东西干道南北分开。北魏洛阳不仅专设了进行商业交易的市，而且在城南正门外，还专设了与西域等外邦商人进行交往与交易的四通市，及为外国商人特别设立的聚居区。

① 《吴越春秋》。

至隋、唐时，中国都城规制又为之一变。在由宫苑组成的宫城之外，又特设了专为政府衙署办公之所的皇城。专门从事交易活动的东西两市渐趋确定，交易活动在空间上与时间上都有明确的限定。以宫城与皇城的中轴线延展而来的城市主轴线渐趋分明。城市规模也空前庞大。

由唐至宋、辽，中国古代城市的发展进入了一个重要的转折期。宋、辽城市，尤其是宋代都城在隋、唐大都城的基础上，再一次发生较大变化。中国古代都城终于由中古时代的空阔、严谨、禁锢，逐渐转为具有近古色彩，较为紧凑、变化而富于商业的气息。城市格局也渐趋确定。

一般说来，中国古代都城大致经历了由城（宫城）、郭（外城）分立，到城、郭毗邻，而后将城括入郭内的发展历程。隋、唐以降，在宫城外设皇城，皇城与宫城也是由相互毗邻、并列，继而发展为由皇城包容宫城，最终形成了由宫城、皇城与外郭层层环绕的三套方城式的都城规划模式。北宋汴梁城与金代中都城，都是这种规划模式的典型。

五代时期数十年战乱造成的财力匮乏，以及人口不断增加与商业日渐繁庶，造成的居民区与商业区对城市空间的挤压，使北宋统治者不再有可能建造如汉、唐般规模宏巨的宫殿建筑群。宋代汴梁城内的宫城大内，只是在唐代节度使的衙署范围内稍加扩建而成。大内之外又设一道城墙，是唐代节度使李勉所修的府城城垣，宋代时相当于皇城城墙。皇城外所环绕的外郭城垣，为五代末与北宋初扩建而成。

正是由于宋代宫城的规模较之汉、唐已经大大缩小，其在城内的位置就显得十分重要。宋代都城中大内宫苑的位置，正是在沿袭隋、唐长安城将宫城置于南北中轴线的基础上，将宫城沿中轴线向南推移，从而使规模远比隋、唐宫城为小的大内，位于整座都城的中心部位，大内之外裹建三重城墙。直到这时，中国古代都城的典型形式——三套方城环绕，宫城居中的格局，才得以真正形成，并成为后世仿效的都城规划原则。北宋灭亡以后建立起来的金代中都城，基本上沿袭了北宋汴梁城的规划格局。

除了宫廷所居的大都城外，自五代以降，一般城市都分内外两重。内城为小城，称为子城，外城为大城，称为雍城。由于战乱的影响，城

古代汴梁城模型

市十分重视军事上的作用。城垣多用砖石，不似隋、唐之多为夯土筑成。除设瓮城外，城墙上多用马面。城墙上又设敌楼、角楼，并设廊与铺房，以便巡逻及防御。

五代时实行多京制度，如后梁有东京汴梁、西京洛阳；后唐有东京魏州（大名府，后迁洛阳）、西京太原、北京镇州（正定府）；后晋有东京汴梁、西京洛阳与北京大名府。至后周而宋，沿袭了多京制度，有东京汴梁、西京洛阳、南京应天府及北京大名府（河北）四京。

由唐至宋，城市中的人口日渐增多，人口较为集中的城市也有较大的增加。唐时人口在10万以上的城市仅有10座，至宋初这样规模的城市已有40多个。人口的密集也极大地促进了城市商业的发展。城市商业活动不仅在空间上，而且在时间上突破了隋、唐都城中固定的坊市制度的禁锢。

开封北宋皇宫遗址

第一节

北宋东京汴梁

>>>

唐时在各州城设节度使，建中二年（781），节度使李勉建汴州城。五代时除后唐外，均曾建都于此，以后周时建置为最多。后周世宗显德年间（954—959），以唐之汴州城为子城，并于城外建罗城。显德二年（955），世宗曾发诏书增建外城，从中可以看出其都市设计概念，及扩建城市的原因和方法。

其诏曰：“东京……都城，因旧……诸卫军营或多狭窄，百司公署无处兴修。……坊市之中，邸店有限；工商外至，络绎无穷，僦赁之资，增添不定。而又屋宇交连，街衢湫隘，入夏有暑湿之苦，居常有烟火之

汴梁开封府

忧。”因此，“将便公私，须广都邑，于京师四面别筑罗城”。其方法是：“先立标帜，候冬末农务闲时……修筑，……未毕则迤逦次年。……凡有营葬及兴置宅灶，……须去标帜七里外，标帜内候宫中划定街巷，军营，仓场，诸司公廨院务等，即任百姓营造。”

同年又诏曰：“闾巷隘狭……多火烛之忧；每遇炎蒸，易生疾疫。”正是因为考虑到城市中存在的这些安全与卫生问题，乃规定“京城内街道阔五十步，许两边人户取便种树掘井，修益凉棚，其三十步至二十五步者，与三步，其次有差。”①

显德三年（956）乃诏发民夫，大举筑汴京外城。其所建造者，除官署与私邸外，还增设了各种市坊性的商业建筑。各种临街、临水等交通顺畅地区，多起楼屋。如周世宗遣周景疏通汴河口，以与郑州导通。周景预见到汴河口一通畅，“将有淮浙巨商，贸粮斛贾万货临汴，而无

---

① 《资治通鉴》。

委泊之地”，故“乞许京臣民环汴栽榆柳，起台榭，以为都会之壮”①。周景在周世宗的允诺下，在汴河口起巨楼13间，时称十三间楼子，是专用于存储货物的商业性建筑。由后周至宋，汴河两岸这样的商贾楼屋日渐增多。这种沿交通要道自由设置商业建筑的城市形态，成为宋代城市不同于隋、唐城市的一条重要的风景线。

北宋汴梁城分新、旧两城。旧城即唐建中年间所筑之州城，周长10千米许，宋初称里城。新城为后周显德年间所筑，周长24千米许，称外城。宋初太祖赵匡胤因其制，仅略广城东北隅，并仿洛阳制度，修造大内宫殿。真宗时则以“都城之外，居民颇多，复置京新城外八厢”②，使城市规模再有增扩。神宗、徽宗时又展拓外城，四面为敌楼、瓮城，并浚治壕堑，城始周长25余千米。

宋代汴梁是汴河、蔡河、五丈河、金水河等河流通渠合汇之地，交通尤其便利。其中，汴河是隋代大运河的一段。据《东京梦华录》所云：“汴河自西京（洛阳）洛口分水入京城，东去至泗州入淮，运东南之粮，凡东南方物，自此入京城，公私仰给焉。”其漕运的作用似乎比商货运输的作用还要大。

正是这四条河流，通汇流贯于汴梁城中，造成了“四水贯都”之势。这在很大程度上也影响了城市的结构。由于河道迂曲多有滞碍，城内的街道不似隋、唐两京那样通直平畅。城内河道与街道间多有交叉，交叉部位都建造有各式的桥梁。有的桥梁建成虹桥的式样，用木结构飞跨于水面之上，桥下中部不设立柱，下可以通舟船，上可以过人车，其功能与今日之立交桥已经很接近，也使城市景观得到很大程度的丰富。据记载，仅汴河上就“有桥十三”，其中“从东水门外七里曰‘虹桥’，其桥无柱，皆以巨木虚架，饰以丹雘，宛如飞虹”。这座桥很可能就是指宋代张择端《清明上河图》中所绘的虹桥。《清明上河图》为我们保留了一幅极为珍贵的宋代城市面貌的形象资料。

由于在政治上、经济上的重要地位，汴梁的商业与手工业特别繁

---

① 释文莹《玉壶清话》。

②《宋会要》。

（汴绣）清明上河图·虹桥

清明上河图是中国十大传世名画之一。为北宋风俗画，在五米多长的画卷中，共绘了数量庞大的各色人物，牛、骡、驴等牲畜，车、轿、大小船只，房屋、桥梁、城楼等各有特色，体现了宋代建筑的特征，具有很高的历史价值和艺术价值。

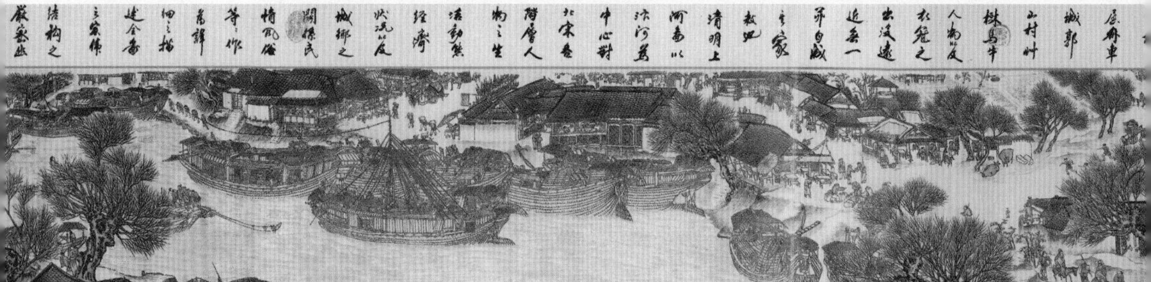

盛，人口也迅速增加。一般市民与商业活动渐渐发生了越来越密切的关系，汴梁城内的商业活动早晚不息，因而像隋、唐那样专设的集中式市场（东市、西市），已经不能适应商业发展的需要。因此，使得沿街的商业建筑得以发展，并出现了一些商店密集的商业街道与商业区，如州桥大街、相国寺一带，旧曹门、旧封丘门内外等，最为繁华。在这些繁闹的街道两侧，商店、酒楼、饭馆、医铺、浴堂、妓馆、勾栏、瓦肆，鳞次栉比。其中相国寺内外就是一个很大的商业活动中心。

北宋汴梁城还发展了十分完备的城市防火体系。据文献记载，汴梁城“不似隋唐两京之预为布置，官私建置均随环境展拓”，因此城内人烟密集，商业店铺及民宅多向空中发展。城内房屋多建成二三层，或者更高，即“三楼相高，五楼相向”。如此密集的建筑布局，又主要是以木结构为主的建筑，则必然引致频繁的城市火灾。汴梁城内的火灾屡屡见诸历史文献。正因为如此，使城市防火问题日益突出。

为了防火，在汴梁城中“每坊巷三百步许，有军巡铺屋一所，铺兵五人，夜间巡警收领公事。又于高处砖砌望火楼，楼上有人卓望，下有

清明上河图全景图

宣德门

官屋数间，屯驻军兵百余人，及有救火家什，谓如大小桶、洒子、麻搭、斧锯、梯子、火叉、大索、铁猫儿之类。每遇有遗火去处，则有马军奔报。军厢主马步军、殿前三衙、开封府各领军级扑灭，不劳百姓”①。

北宋汴梁为三套方城的布局，宫城大内居于城市的中央，在旧城中部略偏北的位置。原为唐汴州节度使的治所，梁时为建昌宫，晋称大宁宫，周亦加营缮，但皆未增大。宋太祖稍增广东北隅，命有司画洛阳宫殿，按图修造。至此时汴梁皇居始显壮丽。汴梁宫城大内周回 2.5 千米，南面三门，正门曰宣德，左右为左掖门、右掖门；东西称东华门、西华门；北为拱宸门。

大内正门宣德门上有门楼，称宣德楼，“列五门，门皆金钉朱漆，壁皆砖石间甃，镌镂龙凤飞云之状，莫非雕甍画栋，峻桷层榱，覆以琉璃瓦”②。宣德门之南，是一条阔约 200 步的御街，南端直抵州桥，两侧为廊庑。此即为后世所称的千步廊。自北宋始，金、元、明、清各代宫

① 《东京梦华录》。

② 同上。

城前，均设千步廊。御街两侧的廊前设有御沟，砖石甃砌，内尽植莲荷。近岸则植桃李梨杏，杂花相间，春夏之日，望之如锦绣花乡。

汴梁大内前的御街，在城市空间特征上，很像是一个宫廷前广场，但与隋、唐长安宫城前的广场大相径庭。长安城的宫城前，设了一个宽阔的横街，广场呈横长方向布置；而汴梁大内前则是一个纵长布置的广场。长安的宫前横街，为严格封闭的设置，闲杂人等不许进入；而汴梁的千步廊为半开放式空间，政府各部衙署分列两边，除中心御道外，御街两边可任人行走，每逢节日还允许人们在此游观。据记载，北宋末政和以前，这里还允许设摊买卖，政和年间始禁，并在中心道两侧设置了拦截行人的拒马叉子。另外，汴梁宫前广场两侧有廊，并有水面与绿化之设；而长安宫前广场则是一个空阔的空间，其中并无水面与绿化的设置。

就城防而言，北宋汴梁城也在五代都城的基础上，衍演得更加严密。如其外城“城壕曰护龙河，阔十余丈”；“城门皆瓮城三重，屈曲开门”（南熏门等通御道的门为直门两重）；跨河有铁闸门；“新城每百步设马面、战棚，密置女头，旦暮修整，望之耸然”；“每二百步置一防城库，贮守御之器”①。此外，北宋时还专设了京城所，负责城垣的营造缮修。

第二节

南宋临安

>>>

靖康之难后，高宗赵构偏安一隅，是为南宋（1127—1279）。绍兴八年（1138）南宋正式定都于临安，即今日之杭州城。临安的前身为五代吴越西府城，南宋初又有增修，高宗绍兴二十八年（1158），增筑内

① 《东京梦华录》。

南宋御街

城及东南之外城，附于旧城。故临安有内外两城。内城，又称子城，即南宋朝廷的大内所在。

内城位于凤凰山东麓，周长4.5千米余。城四面各设一门，南为丽正门，北称和宁门，东西分别为东华门与西华门。其城东近候潮门，西至凤凰山，南临钱塘江，北依万松岭。城址因地形迂回曲折，并不规则。规模也不似北宋大内般宏伟。位置更未居于临安城之中央。城内除朝寝之所外，还建有御花园，叠石凿湖，筑有亭台楼榭。此外，在宫城之外，另建有几处御园，如玉津园、聚景园、富景园、五柳园等。

临安外城，又称罗城。外城的范围南跨吴山，北至武林门，西近西湖，东南靠近钱塘江。城之平面为不规则状，南北略长，东西狭促。城北半部较为方正，南部迂曲。周圈设砖砌城墙，高9米余。城外北、东、南侧均设有3米余宽的护城壕。西面因与西湖相临，并不设濠。这恰好符合中国人空间布局中的向背之势。整座城市与西湖呈依存之势，钱塘江则成为一道天然屏障。

临安外城周回设13座城门。北为余杭门，东北角为艮山门，东侧有东青门、崇新门、新开门、保安门、候潮门，西侧有钱塘门、丰豫门（涌金门）、清波门、钱湖门，南为嘉会门。另在外城东南靠近大内处，设便门一座。此外，还设有水门5座，如南水门、北水门、天宗水门、保安水门、余杭水门等。诸门中以南门嘉会门为皇帝郊祭的御道，其城楼宏伟，雕彩华美。

临安城内街道虽不规则，但也略呈网络，以纵贯南北的御街最为重要。御街南起大内宫城的和宁门，北至武林门的中正桥，长12 500余丈，几乎通贯全城。街宽200步，路面用石板铺成。街中为御道，两则为石砌河道，河中植莲。岸边植桃、李、杏、梨，夏日郁郁葱葱，春日繁花溢彩。河道两旁设廊道，供行人行走方便。这一空间处理手法，似为北宋汴梁宫城前御街的承袭与拓延。

城内居民按厢坊分布。厢坊为行政区划，全城分为13厢，其中外城有4厢，旧城内有9厢。厢设厢官，掌治安及诉讼之事，厢下设防。临安城内坊巷稠密，纵横交错。坊巷皆为居民区及商业区，其繁华喧闹，不下于北宋汴梁。城内人口也日益增多，南宋初，临安人口已至55万人之多。至南宋末咸淳年间，人口已达120余万。据宋代《梦粱录》记载，其“户口蕃息，近百万余家。杭城之外城，南西东北各数十里，人烟生聚，民物阜蕃，市井坊陌，铺席骈盛，数日经行不尽，各可比外路一州郡，足见杭城繁盛矣”。从当时的西湖东望，“乃有鳞鳞万瓦，屋宇充满”，正是一座近古时代繁盛大都市的景象。

吴越钱氏时，就已将杭州建成一座寺塔繁盛、梵音缭绕的都市。南宋时又大肆增修佛寺、道观及尼庵等。据《都城纪胜》记载，“凡佛寺自诸大禅刹，如灵隐、光孝等寺，律寺如明庆、灵芝等寺，教院如大传法、慧林、慧因等，各不下百数所。之外又有僧尼廨院、庵舍、白衣社会、道场奉佛之所，不可胜纪”。在五代时即已闻名的寺院灵隐寺，在南宋时一再扩建，直至成为宋代名贯中外的“五山十刹”中五大禅院之一。为祭祀北宋徽宗而改名的净慈寺，也屡屡扩建，渐可与灵隐并立，“号为南山之冠”。

以城市风貌而言，同样是逐渐自发形成并发展起来的南宋临安，较之北宋汴梁更形繁盛，也更具中国近古时代商业化都市的意韵。城垣铺展，屋宇密集，街道狭促，人口繁杂，商肆林立，车马喧闹，这些近古都市的特征，在南宋临安都可以看得到。据《梦粱录》记载，“临安城郭广阔，户口繁伙，民居屋宇高森，接栋连檐，寸尺无空，巷陌壅塞，街道狭小，不堪其行，多为风烛之患”。因而，城内的防火系统更为严密。如在各坊界设有防隅官屋，屯驻官兵，并在城中不同位置设立望楼，“朝夕轮差，兵卒卓望，如有烟火延处，以其帜指其方向为号，夜则易以灯。”

临安城内的水运也极为发达，虽不似汴梁有“四水贯都”之势，但临安城左挟江，右依湖，城内外水道贯通，“浙西、苏、湖、常、秀，直至江淮诸道，水陆俱通”①。交通的顺畅，使城市内的生活依赖商业，城内外百余万人口，每日街市食米，除府第、宫舍、富室及诸司外，仅细民所食，每日不下一二千石，皆需之铺家。粮食以外的其他交易更为频繁。临安夜市又为一景，买卖昼夜不绝。夜交三四鼓，游人始稀；五鼓钟鸣，卖早市者又开店，商业活动可谓通宵达旦。

以城市景观而言，南宋临安城与西湖山水相映衬，可称得上最为典型的古代园林山水城市。城市园林中，自唐长安城出现以曲江芙蓉苑为代表的城市公共园林以来，中国古代城市园林，就已经不再仅限于封闭的皇家禁苑或狭促的私家园林了，一些城市渐渐发展了可供普通百姓游玩的园林山水，此中以杭城西湖景区最为典型。

西湖原称明圣湖或金牛湖。秦汉时也曾因湖居武林山麓，而称为武林水。唐时，以湖在钱塘县境内，又称钱塘湖。西湖作为公众游赏而用的园林，始于北宋时代。因其湖位于杭城之西，故称西湖。北宋诗人苏轼有诗“若把西湖比西子，浓妆淡抹总相宜”，将西湖比喻为越国的绝代

① 《梦粱录》。

杭州西湖曲院风荷

佳人西施。西湖为杭州增添了无限景色，“大抵杭州胜景，全在西湖，他郡无比”。北宋诗人柳永在词《望海潮》中描述西湖：“烟柳画桥，风帘翠幕，参差十万人家。云树绕堤沙，怒涛卷霜雪，天堑无涯。市列珠玑，户盈罗绮，竞豪奢。”园林化的湖区与日常都市生活环境已几不可分。

作为一个开放的园林区，西湖在空间上与时间上，都与城市的时空融为一体，人们可以随时即兴游览。这在十分禁锢的中国古代城市史上，尤其是在帝王的宫宅左近，当是一个十分重要的发展。南宋一代，西湖风景区的建设有了很大的发展，南宋统治者在西湖附近大造亭园苑囿，湖上屋宇连接，“一色楼台三十里，不知何处觅孤山”，歌台舞榭遍布于西湖边上，正是“山外青山楼外楼，西湖歌舞几时休，暖风熏得游人醉，直把杭州作汴州。”此中虽有讥讽时政之意，也曲婉地透露出南宋时临安繁盛的园林化城市生活的一些信息。

第三节
宋平江城

>>>

平江城，即今日之苏州城，是中国历史上最为古老的城市之一。春秋时吴国曾建都于此，吴王于城郊山上建姑苏台，城与太湖相毗邻。唐代时期这里已是一座手工业与商业繁盛的城市。平江城水陆兼济，交通顺达。大运河环绕平江城南面与西面而过，南接杭州，北达汴梁，恰是一个南北交通的咽喉所在。

平江位于物产丰富的江南水乡。城平面呈一南北略长，东西较狭的长方形。城内街道与水道纵横交错，街道多呈十字相交，或丁字相交，路网密集如织。道路不似汴梁或临安之御街般宽大。陆路以南北向干道为多，而水路则多呈东西向贯穿交织。许多重要的商肆、住宅及手工作坊都形成了前门临街，后墙接水的形势，即前街后河的格局，使城内交通极为通畅。这座河道纵横的中古城市的内外，陆路与水路的交错，形成了许多立体的交叉，因而城内外桥梁纵横，各种桥梁有 300 多座之多。城内河道又有干线与密布的分渠，分渠多为东西的走向。四周除城门外，另有水门 7 座，水门上设有水闸。

在建筑历史中，这座古城所具有的重要地位还在于，在南宋时代所建的苏州文庙中，保存着一座刻有南宋时平江城总平面的石碑，完整且形象地记录了南宋平江城的整体布局特点，因而，为我们留下了一份不可多得的研究古代城市史的重要资料。图中城市的轮廓道路，河桥的分布，及重要的建筑物，如平江府衙等的位置，都采用中国古代流行的表现方式，以平立面结合的手法，形象地表达了出来。

由南宋平江图中可以看到，在城内中部偏南，即子城内，是平江府衙所在地。府衙建筑呈长方形，四周有城墙环绕，内有一条南北轴线。前为厅堂，是州府衙门办公诉讼之所，轴线后部为住宅与园林。中轴线偏后有一座“王”字形平面的殿堂，其特点是前后有三座殿厅，中间有贯通的穿廊相连，使三座建筑联为一体。其形式有如宋元时宫廷中所流行的工字殿，而这是唐代府衙中较为流行的做法。平江府衙当是沿用了这一建筑形式。宋元宫殿中的工字殿，很可能也是肇始于唐之府衙平面与空间形式。

由此也引出一个问题，即中国古代建筑在规模与尺寸上，有一个比较显见的趋势，即宋代以前，尤其是唐代，建筑的尺寸与规模都比较宏大；宋代似为一转折，自宋以下，建筑尺寸与规模日渐缩小，越到晚近时代，建筑基址越为狭促，建筑体量越小，单体建筑也日益变得比较松散，如唐之“王”字形殿堂的紧凑平面已不见，连宋元间流行的“工”字形殿也很少见到了。建筑的组合日益变成如我们所习见的“一正两厢”，单座建筑分立组合而成院落的形式。

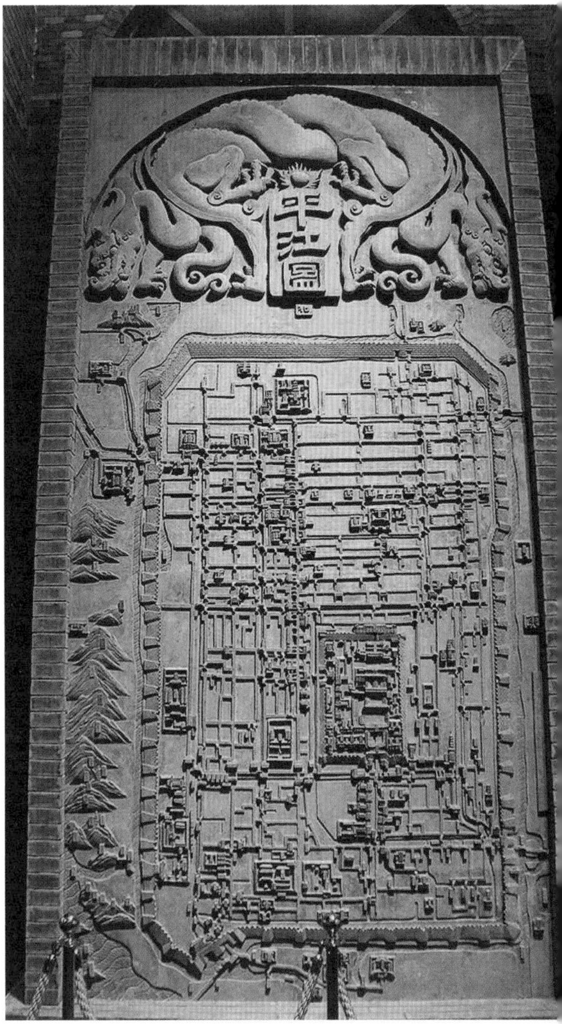

宋代平江图

关于这一特点，清初的学者顾炎武已经注意到了，他在《日知录》中写道：“予见天下州之为唐旧治者，其城郭必皆宽广，街道必皆正直。廨舍之为唐旧创者，其基址必皆宏敞，宋以下所置，时弥近者制弥陋。”如前所述，宋大内宫城就是在唐汴州治所的基础上，小有扩展而成的，而从平江府城图上看到其府衙的规模，在全城所占的比重还比较大，当是沿袭了唐代州治的旧制所致。

平江城内除住宅、廨舍、商肆、作坊及佛道寺观之外，在城西南的盘门内设有专门接待往来官吏及外国使臣的馆驿。在馆驿的东侧，设有储藏粮米的仓库及作为粮食交易之所的米市。仓库与米市的附近，是繁闹的商业区，集中了各种商肆、酒楼及接待过往客商的旅店。城市内的商业气息，不亚于北宋汴京。城的南北两端还设有两座兵营，分别称为南寨与北寨。这种陈兵于城隅的做法，显然是出于防卫及治安上的需要，可能也是中近古时代中国府城建置上的通则。

第四节 辽五京

>>>

辽为契丹人所建立的王国。最初，太祖耶律阿保机于神册三年（918）在临潢始建都城，称为皇都。天显元年（926）对皇都进行扩建，宫寝中始设开皇、安德、五銮三大殿，初步形成王朝都城与宫城的规模。天显三年（928），太宗将东平郡改为南京。天显十一年（936）受石敬瑭所献燕云十六州后，改皇都为上京城；以幽州为南京幽都府，后又改称析津府；同时将原南京（即东平郡）改为东京辽阳府。统和二十九年（1011），辽圣宗以宋人所纳岁币征燕蓟汉族工匠，兴建了中京大定府。重熙十三年（1044）兴宗又以云州为西京大同府。此时，辽五京之制始形成。

一、上京临潢府

上京临潢府在今内蒙古巴林左旗东镇南，分为南北两城，周回 13.5 千米。其始建时，受到唐长安城的一些影响，但也保留了契丹人的一些传统礼俗。北城为皇城，城略呈长方形，南北长约 2 000 米，东西宽约 2 200 米。四周设门，东为安东门，西为乾德门，北为拱宸门，南为大顺门。门外复有瓮城。皇城内复有一城，即宫城大内。宫城南门为承天门，承天门上有楼阁建筑。东门与西门分别为东华门与西华门。宫前有街，与长安城之朱雀大街相似。共宫城虽为南北向布局，城内宫殿则仍保持契丹人以东向为尊的习俗。据宋使薛映出使辽国时的记录，在大内“承天门内有昭德、宣政二殿与毡庐，皆东向”①。承天门南街道两侧，则设中央各部衙署及佛寺、道观及孔庙等建筑。皇城内除宫殿、寺庙、衙署外，主要是契丹贵族的集居之地。就现代考古的资料来看，皇城内大内西北除佛寺遗址外，多空旷之地，疑为契丹贵族安放毡帐牦棚以保持草原民族生活习俗的地方。

临潢府南城为汉城，是辽政府为汉民族及其他民族特设的聚居之所，“南当横街，各有楼对峙，下列井肆”，其形势有如汉地都城中的外郭城。北城南门外东侧的汉城内有回鹘营，是回鹘商贩们的集中之地。西南有同文驿，以招待来往的使者。由于西夏国日益兴盛，城内还专设了临潢驿以招待西夏使者。城内还设有市楼，负责市肆的管理。

二、东京辽阳府

东京辽阳府，在今辽宁省辽阳市附近，其址原为当时渤海国地。辽初太祖曾立东丹国，以太子倍为人皇王。辽太宗天显年间，以旧渤海国上京龙泉府居民移徙东平郡，改东平郡为南京，后又改为东京，即辽阳府。据《辽史·地理志》，辽阳城名天福，城上有楼。城周15余千米，其特点是按东、南、西、北，及东南、西南、东北、西北八个方位，各设城门一座。中国古代以平面八个方位的图式为一种神圣的图形，广泛见之于诸如八卦等具有神秘象征意义的图形中，而以八方位设门的平面格局建造城池，此为一不多见的例证。城内有宫城，城周回约4千米，位于外城内的东北隅。宫城四隅设角楼，南为正门，有三门，上有楼观。大内建有二殿。其中一座殿为耶律倍的御容殿，其作用似为供祭祀用的原庙。辽东京形式与上京相似，亦设有外城，称汉城。城址规模不详。城内设交易用的市，分南市与北市，“中为看楼，晨集南市，夕集北市”②。外城内还设有各种寺庙，如金德寺、大悲寺、驸马寺、赵头陀寺等。

---

①《历代宅京记》。
②《辽史·地理志》。

三、南京析津府

幽都又称蓟城，初为战国时燕国的都城所在。唐时城的规模始大，渐有子城与外城之分。五代时，后唐河东节度使石敬瑭在辽人的帮助下反叛，以燕云十六州献辽，辽将其改为南京幽都府，后改为析津府。

辽南京亦称燕京，《辽史》称城周回 18 千米，城高 9 米余，上有敌楼、战橹。城为方形，四侧各设门两座，共有 8 门。大内在城内西南隅。大内设皇城一道，又称子城。皇城紧临外城西墙，外城西门显西门，亦为皇城西门，设而不开。皇城南面设 3 门，中为南端门，左右各设掖门一座。辽南京城内分设 6 街，26 坊，每坊都有坊名，坊前建有门楼，如唐末五代时常见的情形一样。燕京城内亦设有专门交易的市，在城内北部。今北京西城区内尚存的天宁寺塔，即为辽时遗存。元代城废，但旧城残址犹存，成为元代大都（北京）城市居民每年踏春游赏的主要去处。

四、中京大定府

中京大定府城址在今内蒙古赤峰市宁城县的大明城（又称大名城），位于老哈河上游的北岸，始建于辽圣宗统和二十九年，即宋真宗大中祥符四年（1011）。建城原因据《辽史》云，辽圣宗经过这里时，“南望云气有郛郭楼阙之状，因议建都”。因此，圣宗从燕蓟一带谋求良工，拟建造一座有城郭、宫掖、楼阙、府库、市肆、廊庑的、规模宏巨的神都。

由于想象的宏伟，整座城以北宋汴梁为模式，呈三重方城的形式，有外城、皇城与宫城的布置。据考古发掘，城的规模为东西 4 200 米，南北 3 500 米，周环 15 400 米。另据宋使的记述，城“幅员三十里。南门曰朱夏门，街道阔百余步，东西有廊舍约三百间，居民列廛肆庑下。街东西各三坊，坊门相对。……三里第二重门，城南门曰阳德门，凡三门，有楼阁。城高三丈……幅员约七里。自阳德门入，一里至内门。内（曰）阊阖门，凡三门。街道东西并无居民，但有短墙以障空地耳。阊阖门楼有五凤，状如京师，大约制度卑陋。东西掖门去阊阖门各三百余步。东西角楼相去约二里”。

门楼五凤，即唐、宋宫城前五凤楼的格局，与今存明、清故宫午门的形式十分接近。由此可知，辽时与汉地有较多的交往，城市的格局及建筑的处理，如廊庑廛肆之属，多模仿自宋地。中京皇城内设有祖庙，及辽景宗、承天皇后御容殿，为祭祀之原庙。并特设有接待宋使、西夏使节及新罗使节的馆驿。

五、西京大同府

西京大同府城址即今山西大同市。战国时为赵国属地，赵武灵王始置云中郡，元魏时为都城，称平城，后孝文帝迁都洛邑，北周时称朔州，唐时称云州。五代时后晋石敬瑭将燕云十六州献与辽，云州遂入辽境内。辽重熙十三年（1044）兴宗改云州为西京大同府。据《辽史·地理志》载，城周回 10 千米，共四门，东为迎春，南为朝阳，西为定西，北为拱极。现存辽代建筑，以大同为多。如辽“清宁八年建华严寺，奉安诸帝石像、铜像”。其作用，似与辽代其他都城中特设原庙的情形相近，为祭祀之所。今华严寺尚存，在今西门内，分上、下寺，殿宇俨然。下寺薄伽教藏殿及南门内善化寺大雄宝殿，皆为辽时所建。

山西大同府文庙

第五节

金上京与中都

>>>

一、上京会宁府

金为女真人建立的王朝，女真人周时称肃慎，东汉时称挹娄，南北朝时称勿吉，隋、唐时称靺鞨，五代两宋时始称女真。金太祖完颜阿骨打建立金朝时，定都于会宁，称为上京，即今黑龙江省阿城区南的阿什河畔，今又称白城。起初上京并无城池，金主宫舍称为皇帝寨，即如史载："初无城郭，星散而居，呼曰皇帝寨、国相寨、太子寨"[①]。后来升皇帝寨为会宁府，建为上京。金太宗时始建宫室殿屋，初时仍较简率，据宋许亢宗《奉使行程录》所载，金上京城由远处看，"一望平原旷野，间有居民数十家，星罗棋布，纷揉错杂，不成伦次，更无城郭里巷。率皆背阴向阳，便于放牧，自在散居"。至近里才知"有阜宿围绕三四顷，北高丈余，云皇城也。至于宿门，就龙台下马行入宿闱。西设毡帐四座，各归帐歇定"。宫殿中的主要建筑为"木建殿七间，甚壮。未结盖，以瓦仰铺及泥补之，以木为鸱吻，及屋脊用墨，下铺帷幕，榜额曰乾元殿。阶高四尺许，阶前土坛方阔数丈，名曰龙墀。两厢旋结架小茅屋，幂以青幕。……日役数千人兴筑，已架屋数千百间，未就，规模亦甚侈也"。而其宫室也颇具东北特色，如正殿乾元，"四处载柳，以作禁围而已。其殿宇绕壁尽置火炕，平居无事则锁之。或时开钥，则与臣下杂左于炕，后妃躬侍饮食"。

金熙宗皇统六年（1146）曾模仿北宋都城汴梁，对上京进行了一次扩建，使之初具规模。据考古发掘，金上京城分为南、北二城。北城为一南北长 1 828 米，东西宽 1 553 米的长方形。北城南北稍长，东西略

---

① 《历代宅京记》。

金上京会宁府皇城第二殿址

金上京会宁府遗址由南北相邻的两个长方形城池组成，平面呈曲尺形，是保存较为完好的一处金代都城遗址，对于研究东北地方史、民族史等都具有重要价值。

狭。南城则恰好相反，南北略狭，为 1 523 米，东西较长，为 2 148 米。南北二城相接，城周回 10 873 米，约为 10.5 千米。城四周设 9 门，其中 7 座城门，设有防御用的瓮城。5 座城角上设有角楼，沿城墙设有马面。外城四周及南北城之间的腰垣南侧，均设有护城壕。

上京皇城位于南城内偏西处，南北长 645 米，东西宽 500 米。四周原有墙，基厚 6.4 米。在皇城南端尚存两座高约 7 米的土台，似为宫廷门阙所在。皇城南门有 3 条通道。门内中轴线上有 3 座宫殿的遗址，依序排列，两侧还有围廊的基址遗迹。由遗址看，上京宫殿除用灰色砖瓦外，还用了黄绿釉的琉璃瓦及瓦当，其宫殿的装饰已相当华丽。

金代迁都燕京后，曾经将上京降为会宁府，后又罢留守司，“命会宁府毁旧宫殿、诸大族宅第及储庆寺，仍夷其址而耕种之”①。后来，虽曾恢复上京称号，也曾复修宫殿，但已不如当年光景。

二、中都大兴府

金中都纪念阙

金主海陵王于贞元元年（1153）从上京迁都燕京，称为中都，改析津府为永安府，次年，又改为大兴府。自此，海陵王始仿辽、宋，确立了五京制度，即中都大兴府②、东京辽阳府、南京开封府、西京大同府、北京大定府③，而以中都的地位为重。

中都的地理位置自古为人称道。宋儒朱熹就慨叹燕京乃“天地间好一个大风水”，认为是都城之最佳选址。其“地右拥太行，左注沧海，抚中原，正南面，枕居庸，奠朔方，峙万岁山，浚太液池，派玉泉，通金水，萦畿带甸，负山引河”。以金代当时的地理疆域，中都恰位于适中的位置。而金上京偏居东北一隅，“民清而事简，以南则地远而事繁”，其“供馈困于转输，使命苦于驿顿”，因此，迁都一举在所难免。

天德二年（1150），海陵王

---

① 《金史·地理志》。
② 今北京。
③ 今内蒙古宁城西。

"先遣画工写京师（开封）宫室制度，至于阔狭、短曲画其长，授之左相张浩辈，按图以修之"。并遣张浩、孔彦舟主持中都建设之事，在原辽南京的基础上，向东、西、南三面增而扩之，并增筑宫城，使宫城基本居于城市的中部，与汴京格局略同。

同北宋汴梁一样，金中都城有大城、内城（皇城）与宫城，为内外三套方城制度。大城周长 15 千米余，略呈方形，每面约 4 千米，城墙高为 13.3 米。城四面设门 12 座，每面为 3 座门，南门正中为丰宜门，今尚存的地名如海淀区之会城门，即为金中都城的北门之一。内城居外城内的中部偏南，周回 4.5 千米余，四面各设一门，南门为宣阳门，北门为拱宸门，东门为宣华门，西门为玉华门。南门宣阳门为宫城正门，平时关闭，车驾出入时方开启。

宫城位于内城（皇城）以内，周有 4 门，南为应天门，上有楼广 11 间，楼高 26.6 米，规模已相当宏巨；北为仁寿门，左为日华门，右为月华门，四隅另设角楼。宫城内门及殿"凡九重，殿三十有六，楼阁倍之"①。宫中主殿南为大安殿，为宫廷大朝之所，北为仁政殿，为帝王常朝听政之处。由于金中都是在破汴梁后而建，其中有许多建筑材料如门窗等，直接从汴京拆卸而来，建筑风格之华丽繁缛较之汴梁更有过之。宋使范成大记载其见到的中都宫殿时说："遥望前后殿屋崛起甚多，制度不轻，工巧无遗力。"

中都街坊略仿唐代长安、洛阳制度。城内以纵横街道分为 62 坊，每坊设有坊门及坊墙。城内有专设的市，位于内城之北，时有"陆海百货，集于其中"的说法，可知其交易规模已相当可观。城内中轴线上有一纵横南北的街道，自外城南门丰宜门，穿过内城与宫城，直抵外城北门通玄门，称为御街。城内格局按《周礼·考工记》"面朝后市，左祖右社"来布局，也为后来元大都城的建设提供了先例。

除大内宫城外，中都城还另建有离宫苑囿。如在内城西的玉华门外建同乐园，又称西华潭，将莲华池并入苑中，以中国古代园林一池三山

① 《大金国志》。

的格局，有瑶池、蓬瀛之设，并有柳庄、杏村等以村野景色为主题的园区。此外在中都城外的东北部，又辟一处山水，挖池堆山，筑琼华岛，上建广寒宫，并用由北宋汴梁苑囿艮岳拆除而来的湖石，叠造山池景色，称大宁宫，即今北海公园的前身。今北京西郊玉泉山与香山的园林景致，也是在金代所建离宫别馆的基础上，渐渐衍演而来的。而北京四郊特设天、地、日、月的郊坛，也是始自金中都的遗制。

第六节
西夏兴庆府与黑水城

>>>

唐末战乱，居于夏州的党项族平夏部酋长拓拔思恭因镇压黄巢起义有功，被封为定难军节度使，得赐李姓，爵号夏国公。从此夏州的党项族拓跋氏便据有夏、绥、银、宥四州，成为一方藩镇势力。宋初，其首领李继迁借助辽的势力与宋抗衡，占领西北重镇灵州[①]，改西平府，作为都城。李继迁受辽封为西平王，宋太宗又封李氏为夏州刺史、定难军节度使。其子李德明即位后，又重选城址，在贺兰山下的怀远镇（今银川）建立都城，改名兴州。天授礼法延祚元年（1038），德明之子李元昊自称皇帝，国号大夏，改兴州府为兴庆府，并定都兴庆府，史称西夏。

一、兴庆府城

据研究者分析，兴庆府城从总体布局上应用人体象征的手法，以城

① 今宁夏灵武市西南。

东黄河西岸的高台寺作为人体的头部，府城城垣为人体的躯干，而双足直抵贺兰山。也有人说是凤凰的象征：其首高台寺为凤头，凤尾直抵贺兰山，城内双塔（北塔、西塔）为两足，南北关厢为双翼，故称凤凰城。这些是否为当时的创意，尚不很明晰。但由于城临贺兰，城址南北又有湖泽群相迫，城址确呈东西向延展，呈一东西长，南北短的横长方形。

兴庆府城有明显的纵轴线与横轴线。城门、街道、河渠、宫苑、里坊、市集及各类建筑的处理，均呈左右对称布置。城内又设宫城和避暑用的宫殿，其规模已占到全城的大部分。宋仁宗时曾有宋使到兴庆府城，见到西夏人的宫殿“厅事广楹，皆垂斑竹箔。绿衣小竖立其左右”。天授礼法延祚九年（1046），李元昊还在城内西北部的沼泽地段，建造了具有园林景观效果的避暑宫苑，称为元昊宫，规模相当宏敞，“逶迤数里，亭榭台池，并极其胜”。据说，这一处宫苑是模仿盛唐玄宗时长安兴庆宫与曲江芙蓉苑而建造的。这也说明李元昊对盛唐文化的仰慕。

曲江芙蓉苑

由于西夏王朝崇信佛教，兴庆府城内外还建有许多寺塔。兴庆府城内有承天寺，寺内有塔称承天寺塔，俗称西塔。寺院规模原很宏伟，但随着西夏的灭亡已日渐荒废。现仅存的八角形十一层楼阁式塔，是清嘉庆二十五年（1820）重建的。城外另有大寺塔称高台寺，位于黄河渡口，控扼着东去辽、宋都城的驿道。寺内塔高数十丈，建于西夏天授礼法延祚十年（1047）。明末，高台寺迁至府城东门外。城西贺兰山上，还建有很多皇家苑囿及寺庙，如天授礼法延祚十年，李元昊"役丁夫数万，于（贺兰）山之东营离宫数十里，台阁高十余丈，日与诸妃又宴其中"。而"云锁空山夏寺多"，正是说的贺兰山中寺塔的情况。

由于西夏人的经营，兴庆府城成为中古时代西北地区一座繁华的都市。据元代时到过中国的意大利人马可·波罗的记载，元初时他曾途经西夏旧境，见到"城中制造驼毛毡不少，是为世界最丽之毡，亦有白毡，为世界最良之毡，盖以白骆驼毛制之也。所制甚多，商人以之运售契丹及世界各地"。

二、黑水城

西夏所建城市，除兴庆府城外，还有灵州城、兴州城、省嵬城、罗兀城、讲宗城、臧底河城、佛口城、祈安城、凉州城、南牟城，以及黑水城等。其中遗址保存得比较清晰的，是位于古居延地区附近沙漠之中的黑水城。20 世纪初，科兹洛夫和斯坦因等俄、英等国的"探险队"曾在黑水城遗址盗掘了大量珍贵的西夏文物。20 世纪 70 年代以来，我国文物考古工作者，又对黑水城进行了较为详细的勘察，对这座西夏古城，有了一个大致的了解。

黑水城位于今内蒙古自治区西部的额济纳旗旗府城南 10 千米处，城址已被沙漠所严重侵湮，成为无人迹的荒漠。由遗址看，城呈长方形，由于墙基已被沙丘掩埋，由墙顶部所露部分测量，北墙长 500.8 米，西墙长 364.6 米，墙高 11 米，底宽 11 米，顶宽 3 米多。东、西各有一座城门，宽约 4.5 米，城门有瓮城的设置。

城内分东、西两部分，由发掘实物分析，西部可能是军队、官署、寺庙的所在；东部则主要是居住区、军营及仓库区。东门外也有大片的

西夏黑水城遗址

黑水城，又称黑城，是西夏在西部地区重要的农牧业基地和边防要塞，是元代河西走廊通往岭北行省的驿站要道，西夏十二监军司之一黑山威福司治所。在古城遗址的西北角上，矗立着12米高的西藏覆钵式佛塔，古朴、圆融、安详，是黑水城的标志性建筑。

居住区。城内西部现存有几座佛塔、寺庙与一些房屋的残迹，如在城墙的西北角上，建有5座佛塔。此外城的中心部位立有3座佛塔，城外西北隅也有佛塔群，总计有20余座之多。在一座不大的城垣内外，集中了如此多的佛塔及寺址，说明当时佛教的鼎盛。塔多为夯土及土坯筑成，就残存的轮廓看，形式与汉地佛塔不同，更为厚重敦实。黑水城墙外侧还有用夯土筑成的马面，马面之间的间距约为50米。

第三章

宫殿

3

宫殿，乃帝王天子之居所，身系统治者的权势与威严，一向为历代统治者所重视，并不遗余力地加以营造。在中国建筑史上，宫殿占有极为重要的地位，它往往体现着中国古代不同阶段建筑技术和艺术的最高水平。

纵观我国古代宫殿制度的发展演变，大体上有周制与汉制两种类型。周制，也可称作“三朝五门”之制，即在一条中轴线上前后排列皋门、库门、雉门、应门、路门等五重门，和大朝、常朝、日朝等举行大典及日常处理政务使用的三朝；三朝和五门的两侧，则保持左右对称的格局。不过从目前所知周代建筑的情况来看，在西周时期，“三朝五门”之制也许只是一种理想模式。

汉制，是在自我作古的秦代宫殿制度的基础上形成的。其特点是以前殿为主殿，在前殿两侧设置东西两厢，用作常朝、宴会等。这一横向布置方式和“三朝五门”纵向延伸的制度迥然不同。后来在魏晋南北朝时期，宫中正殿两侧设立供听政和宴会使用的东西二堂，

北宋皇宫宫殿（仿）

东京开封地处黄淮之间，控引汴河、惠民河、广济河和金水河，具有便于漕运的优越条件，被宋朝定为首都，遂成为全国政治、经济和文化的中心。

其布局方式便是来源于汉制。

隋继承了标榜恢复周制的北周，在营建大兴宫时，也附会周制，采取了沿中轴线纵向布置三朝的布局方式。唐因隋之旧制，其大明宫以含元殿、宣政殿、紫宸殿为三朝。自此直至明、清，历代宫殿都延续了纵向布置三朝的周制。

北宋基本上沿袭了唐代的宫殿制度。建隆之初，宋太祖就派人去写仿唐代洛阳的宫殿，以为蓝本，按图兴建。实际建成的北宋东京大内中，处处都可以找到唐代宫殿制度影响的痕迹。比如说，大内三朝的大庆殿、文德殿、紫宸殿，就相当于唐大明宫的含元殿、宣政殿、紫宸殿；正衙文德殿后面的横街，相当于唐大明宫正衙宣政殿后的横街；有些门、殿还直接沿用了唐代的名称，如乾元门、左右银台门、日华门、月华门、紫宸殿、观文殿、会庆殿（即后来的集英殿）等；甚至上朝制度，由于北宋接受了五代以来的一些变化，并非完全合乎唐代旧制，官僚们也要进谏，并一板一眼地向皇帝提出应加以更正，以尽量仿效唐制。

不过尽管如此，北宋的宫殿制度也有一些特殊之处。比如说，大庆、文德两座最重要的大殿并非一前一后纵向布置，而是左右并列，就与通常纵向布置三朝的模式极为不符。估计可能是因为宫城过于狭窄，倘若采取三朝并列的形式，宫城内就无法保持前朝后寝的大格局，所以在不得已的情况下，保留三朝的名义，而牺牲其应有格局。由此也自然引起其他一些地方不合唐代制度，如日朝殿的设置等。

南宋偏安一隅，起初因时局不稳、财力不足及国耻未雪等诸多原因而无法大兴宫室。与金人议和之后，方有所举措。但终南宋之世，其宫殿规制仍十分简陋，多有权宜之处，与北宋时相去甚远。

辽代的宫殿主要由汉人负责设计、建造，故无论制度或是风格都与中原地区的宫殿相近。但辽代所建宫殿规模不大，且只注重门面所在的外朝部分，寝宫所占比重甚小。这主要是与辽代皇帝一般并不在宫殿内生活有关。

金代宫殿的辉煌之作是中都的宫殿。海陵王出于对中原地区先进文化的仰慕，在建造之前，专门派人去汴京参考了北宋的宫殿制度。从制度上看，中都宫殿的布局严整，气魄很大，而且吸收了北宋宫殿的一些经验，如宫城四角设角楼、宫城前设御街、千步廊等，因而非常成功。

第一节
北宋东京的宫殿

>>>

北宋东京的宫城，又称皇城，位于东京旧城的中央而稍偏西北，宋人习惯上也称之为大内。宫城的所在地原是唐宣武军节度使的治所。唐天祐四年（907），朱温建立后梁，定都开封，遂以衙署为建昌宫，但当

北宋皇宫局部（仿）

时并未对它进行扩建。后唐庄宗迁都洛阳，这里复为宣武军衙署。后晋天福二年（939），石敬瑭以此为大宁宫，也只改名号而已。后周继后晋、后汉，仍以开封为都，周世宗柴荣曾对宫殿加以修缮。然而还没有来得及大举扩建，柴荣就病故了。

北宋政权建立后，沿用了后周旧都。由于此时宫城内一直没有形成帝王应有的建筑制度，所以宋太祖赵匡胤在即位之初就下诏增修大内。建隆三年（962），征发开封、浚仪两地民众扩展了宫城的东北角。之后在大内制度草创之时，赵匡胤派人去写仿当时洛阳尚存的唐代宫殿制度，并任命铁骑都尉李怀义与中贵人为监工，负责按图兴建宫殿。由此皇宫方变得壮丽起来。这时还有过这样一则故事，据叶梦得《石林燕语》记载，在开始修建时，赵匡胤曾命令李怀义等人说，所有的门与殿，一定要能够彼此相望，不得有所偏差。所以，垂拱、福宁、柔仪、清居四殿正好在同一条轴线上，而左右掖门与左右升龙、左右银台门等诸门也能彼此相望，只有大庆殿与端门有少许偏差。宫殿建成后，赵匡胤坐在寝殿福宁殿内，命人打开前后门，召近臣入内观看，并对大家说："我心端直正如此，有少偏曲处，汝曹必见之矣。"群臣听了都拜倒在地。后来虽然大内宫殿屡次因火灾重修，人们始终不敢改变原来的布局。从这则故事中，我们可以想见当年大内宫殿的规模和气派，也可以看出赵匡胤对帝王宫殿的设计思想。

通过这次扩建，宫城内的建筑布局基本确定。宫城达到了周围五里的规模，不过比当时西京洛阳宫城九里三百步的规模却小很多。雍熙三年（986），宋太宗计划扩展宫城，诏殿前指挥使刘延翰主持修建。不料周围居民大多不愿拆迁，结果只好作罢。

东京的宫城近似方形，四周是城墙，城墙外有壕沟。城墙初为板筑，真宗大中祥符五年（1012）下诏"以砖垒皇城"，这样宫城的城墙就成了东京城三道城墙中唯一的一道砖墙。城墙的四角还建有角楼，高数十丈。

宫城四向辟门，共有 7 个门。南面 3 门，正中为乾元门，初名明德门，后又先后改为丹凤门、正阳门、宣德门，雍熙元年（984）改为乾元门。乾元门左为左掖门，右为右掖门。宫城东面 2 门。为东华门和它北面的便门謻门，謻门在熙宁十年（1077）才有标额；西面一门为西华门；北面一门旧名玄武门，大中祥符五年改拱宸门。

乾元门，宋人通常也称之为宣德门，是大内正门。它有 5 个门洞，大门金钉朱漆，色彩华丽。门旁的墙壁用砖石相间砌筑而成，上面雕刻着龙凤飞云。乾元门上有美丽壮观的门楼，门楼"雕甍画栋，峻桷层榱（甍，屋脊；栋，正梁；桷，方椽；榱，椽）"，屋顶上覆盖着琉璃瓦。门楼两侧建有曲尺形平面的朵楼，朵楼前又有左右相对的两个阙亭。因为有这样一组城楼建筑，整个乾元门显得既威严壮丽，又雍容华贵，所以宋人也将其称作宣德楼。宣德楼前便是宽约 300 米的御街和御廊。据宋人孟元老《东京梦华录》记载，元宵节期间，游人汇集到御街两廊下，各种奇术异能、歌舞百戏表演热闹非凡，"乐声嘈杂十余里"。开封府正对着宣德楼搭起的灯山上张灯结彩，"金碧相射，锦绣交辉"。

北宋皇宫局部细节（仿）

宣德楼上，到处垂挂着黄色的飘带，帘中摆放着御座，黄盖掌扇，伸出帘外。两边朵楼上，各挂一枚巨大的灯球，方圆大约丈余。宫嫔们的嬉笑之声在楼下都可以听到。宣德楼下则有枋木垒成的露台，栏杆上悬挂五彩，禁卫们身穿锦袍，头顶簪花幞头，手执骨朵子，站立两边。露台上轮换上演着杂剧，百姓都在台下观看，演到精彩时呼声震天。从宋人绘声绘色的描述中我们不难想象，此时的宣德楼前，不见了帝王宫阙的逼人气势，到处是一派太平盛世的繁华景象，成了热闹的市民广场。

宫城内的建筑布局，基本上是前朝后寝的格局，即以东华门到西华门之间的横街为界，横街以南是外朝区，包括大庆殿、文德殿、明堂、中央政府的一些办事机构和显谟阁、徽猷阁等；横街以北是内廷区，包括一些重要殿宇如垂拱、紫宸、皇仪、集英、福宁、柔仪、坤宁、崇政、延和等，及龙图、天章、宝文等阁和后苑、内诸司、东宫等。

外朝区的大庆殿，是举行大朝会之礼和册封尊号的地方，在整个宫城内地位最为显赫。大庆殿坐落于东京全城的中轴线上，即由外城正南门南熏门、里城正南门朱雀门、州桥、乾元门前的御街和御廊、乾元门形成的中轴线上。这条轴线向北穿过大庆门、大庆殿、端拱门，直到宫城北门拱宸门为止，同时也是宫城的中轴线。大庆殿作为这条中轴线上唯一的大殿，其重要程度可想而知。

从乾元门入内，先是一个庭院，其北面正中是大庆殿的正门大庆门（按宋朝的宫殿制度，凡殿有门者皆随殿名），两侧是左、右日精门。庭院东、西各有一座横门，分别是左、右升龙门。大庆门内便是大庆殿和宽阔的殿前广场。

大庆殿 9 间，左右挟屋 5 间；下有台座，形成月台，月台前面中央有龙墀，两边有沙墀。大庆殿东西两翼，各有向南延伸的廊庑 60 间，与大庆门、大庆殿共同围合成一个巨大的封闭式的广场，可容纳数万人。广场的东、西分别是左、右太和门（初名日华门、月华门）。广场内设有两座楼阁，左右相对而立，如同寺院的钟楼，上有太史局，保章正，测验刻漏，按时刻执牙牌奏报。按宋朝的制度，每逢元日、五月朔、冬至都要行大朝会之礼，车驾斋宿和大典仪式都在大庆殿举行。届时广场中排列的仪仗队多达 5 000 人。大庆殿的后门是端拱门，出端拱门就是宫城横街。

文德殿是常朝殿，在大庆殿西侧与之并列，是外朝区另一组重要殿宇。文德门，与大庆门相平行，门内左右是钟、鼓楼。大殿与文德门遥相正对。和大庆殿相似，文德殿前亦有东西庑向南延伸，形成一个封闭的殿庭，设东西门曰左、右嘉福门（初名左、右勤政门）。殿后左右两侧有两座掖门，分别是东、西上阁门，门外便是宫城横街。

按宋代常朝之制，文德殿是外朝，百官每天要赴文德殿正衙立班，为常参。而皇帝平日却不在文德殿坐朝，只在每月朔望时才驾临视朝。皇帝每日驾御垂拱殿，即内朝。宰相以下一些要员及武班每日赴垂拱殿，叫作常起居。每五天一次，文武百官以中书门下为班首，共赴垂拱殿或紫宸殿上朝，叫作百官大起居。这样，文德殿虽然名为常朝殿，且在礼法上讲，群臣无一日不上朝，实际却是仅存名号，与唐代制度有很大不同。

文德殿以西，到右长庆门、右银台门之间的南北过道为止，是中央政府一些主要机构的所在地，包括都堂、中书省、门下省、枢密院和中书后省、门下后省等，学士院和国史院也在这里。

都堂又称政事堂或东府，是宰相办公的地方，其设置源于唐代。唐代以尚书、中书、门下三省长官为相，宰相办公的政事堂先在门下省，后迁至中书省，所以宰相也称“中书门下平章事”。宋初沿用唐制，仍以“中书门下平章事”为宰相名称，简称中书门下或中书。但宰相已不专用三省长官，同时三省长官的职权也被削弱。所以三省都在宫城外，而另设中书门下于禁中，即都堂，标额“中书”。此时三省长官非宰相者是不得进入都堂的。

枢密院起初位于都堂的北面，神宗元丰年间改革官制后迁至都堂西面，称西府。枢密院负责军国机务、兵防、边备、戎马的政令和出纳密令等，与都堂对掌文武大权，号称“二府”，其最高长官枢密使地位和宰相相同。

尚书、中书、门下三省起初都在宫城外，没有多大权力，门庭冷落。神宗元丰五年（1082）官制改革，将中书、门下二省置于宫城内都堂的东、西厅。之后，又在都堂北面建立了中书、门下后省。据《石林燕语》记载，新建的中书、门下省和枢密院等规模极雄丽。

学士院即翰林院，负责执掌制诰诏令撰述之事，位于枢密院北面，与之腹背相倚，中间只隔一道双面廊。其正门因无法南向，所以只好设在西廊。正厅曰玉堂，专为皇帝驾临而设，并非学士平日所居。太宗曾飞白大书“玉堂之署”四字为榜。堂后为主廊，北临宫城横街。廊内设有后门，隔街正对集英殿。据《石林燕语》记载，中书、门下省和枢密院等皆无后门，唯独学士院有；学士退朝入院和禁中宣命，往来都走后门，走正门者反寥寥无几。后门两旁有学士的值班室，以备应召。由于学士执掌内廷诏书、指挥边事，往往了解许多机密，所以学士院就在金銮殿旁，且外观极为幽深严密。

这一区域还有国史院，位于中书后省、门下后省以北。国史院，又叫编修院，负责编修国史、实录，一般由宰执主持。

北宋皇宫宫殿细节（仿）

从右长庆门开始，经右嘉肃门至右银台门的南北过道，是外朝区的一条重要干道。它北接宫城横街，向南正对右掖门。这条过道以西到宫城西墙之间，还建有显谟、徽猷两阁。显谟阁是神宗死后哲宗时所建，以收藏神宗的御书及文集；徽猷阁建于徽宗大观二年（1108），用以收藏哲宗的御集。

在大庆殿的东侧，和右长庆门、右银台门之间的过道遥相呼应，也有一条南北过道，始于左长庆门，经左嘉肃门直至左银台门，北连宫城横街。

这条过道以东，原是崇文院，或曰三馆。三馆，指宋代国家藏书和编纂的机构——昭文馆、集贤院和史馆，宋初位于宫内右长庆门东北，即后梁时建馆旧址。那时只有数十间屋，地势低洼，房屋仅能遮风避雨，周围从早到晚喧闹不堪。每当受诏撰述时都要移到别处。太平兴国初，太宗驾临时对左右说："如此简陋，怎么可以藏天下图书，引进四方贤俊呢？"于是下令在左升龙门东北另建三馆，命内侍监督工匠，日夜兼作。其建筑的制度，都是皇帝亲授。这项工程很快便完工了。新建的三馆轮奂壮丽，在内廷建筑中属一流水准。皇帝下诏赐名崇文馆。旧馆的图书也全部搬到新馆。

崇文院的东廊是昭文馆书库，南廊是集贤院书库，西廊有四库，分别收藏经、史、子、集四部图书，为史馆书库。六库书籍，正副本共80 000余卷，盛极一时。端拱元年（988）夏，太宗又下诏就崇文院中堂建秘阁，选择三馆书籍真本及一些古代名画墨迹等置于其中。据李如一《水南翰记》记载，内诸司建筑中，以秘阁最为宏大壮丽，阁下穹隆高敞，相传叫作木天（意思是如同天的穹隆）。神宗元丰三年（1080）官制改革时，崇文院改名为秘书省，废去馆职，全部职事归秘书省。

政和五年（1115），徽宗准备兴建明堂，在崇政殿公布了明堂图式。而此前一直由大庆殿代替明堂，行明堂之礼。由于从风水上讲明堂宜正临丙方近东，以占据福德之地，所以就将秘书省迁到宫城外宣德门以东，而以其地营建明堂。

明堂的兴建始于政和五年。徽宗任命蔡京为明堂使，“开局兴工，日役万人”①。政和七年（1117），明堂建成。

明堂是天子宣明政教之处，其性质决定了它应具有极为丰富的象征含义。但是在宋代，明堂的具体形制就久已失传，所以开始兴建时，徽宗下诏参考《考工记》里关于夏、商、周三代明堂制度的记载，以周人明堂之制为主，兼顾夏、商之制。蔡京主持修建时确定了一些具体做法，将其建造起来。

这座明堂平面略呈方形，总面阔约63米，总进深约23.6米。中心是太室，开间约15米，进深约12米，陈设版位、礼器。太室四向各辟门一，以合四序，窗八，以应八节。太室四隅设木、火、金、水四室，均开间约12米，进深约10.5米。这四室与太室（土）共为五室，以象征五行。四室以外又有明堂、玄堂、青阳、总章四太庙及其左右个室，共十二堂，表示听十二朔。明堂、玄堂均开间约12米，进深约12米，

① 《资治宋元通鉴》。

其左右个室开间、进深均约12米；青阳、总章开间、进深均为约12米，其左右个室开间约10.5米，进深约12米。十二堂形成的四角又有“四阿”，为方室，开间、进深均约12米。明堂下有台基，从十二堂的檐柱向外伸出3米。整个明堂的布局非常严整、有序，并且容纳了很多神圣的含义。

蔡京的儿子蔡攸也参与了明堂的设计。根据他的奏请，明堂外设5门；周围是廊屋，盖以素瓦，琉璃镶边；顶盖有鸱尾缀饰，上施铜云龙；地面根据不同的方位以五色之石铺砌；栏杆柱端饰以铜制的文鹿或辟邪；明堂的装饰色彩根据不同方位所对应的颜色来设置，十二堂中的明堂八窗八柱青绿相间，其他堂、室的柱、门、栏杆等，都涂成朱色；台基高2.73米，分三级；庭院内种植松、梓、桧等树；门不设戟，殿角垂铃等。通过这些处理，明堂的艺术形象更加完整了。

蔡京父子设计的明堂，是在附会古制的基础上建成的，同时也有不少自我作古的地方。总体来讲，这座建筑能以不大的体量和比较规整的平面布局，充分地表达一系列的象征含义，从而体现出追求天人合一、宇宙和谐的理想来，其设计是成功的。

宫城横街以北是内廷区，有中央干道始于宣佑门，直抵宫城北门拱宸门，将其分成东、西两部分。西部包括数量众多的宫殿和后苑；东部主要是内诸司和皇太子宫。

内廷区西部的宫殿群，主要位于靠近宫城横街和内廷区中央干道的一侧。根据文献记载推测，它们基本上是处于这样一种格局，即几座殿前后串联在一条南北方向的轴线上；数条这样的轴线自东向西排列。

紫宸殿是皇帝视朝之前殿，在大庆殿后稍偏西处，南临宫城横街，位于最东面的一条轴线的起点；紫宸殿北是五师殿；再北是崇政殿，旧名简贤讲武殿，乃皇帝阅事之所；再北便是景福殿，太宗时被用作内藏库。

垂拱殿在紫宸殿西侧，是皇帝常日视朝的地方，作为起点形成另一条轴线。其北面是福宁殿，又称万岁殿，是皇帝的正寝殿。相传开宝九年（976）十月十九日夜，赵匡胤与其弟赵光义对饮，有人从外面看见屋内烛光摇曳、斧影闪晃，之后赵匡胤就不明不白地死去，这一著名的

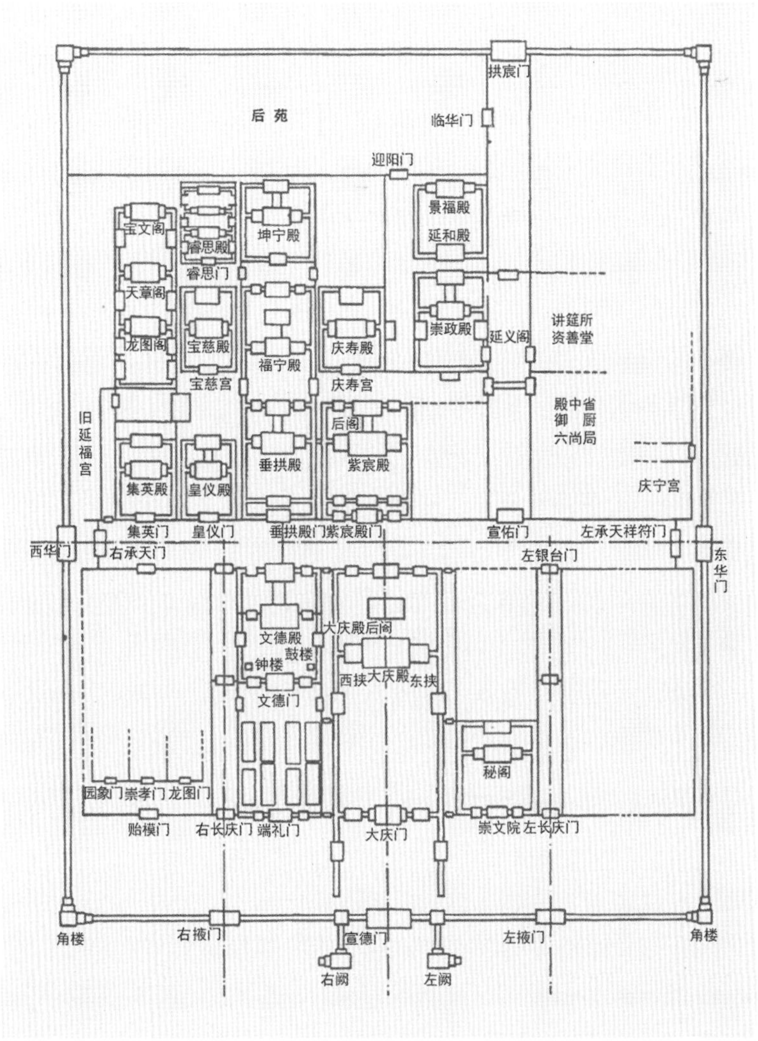

北宋皇城复原图

宫廷疑案就发生在这里。福宁殿北是柔仪殿；再北是钦明殿，旧名清居殿；再北是延和殿，北向开门，乃皇帝的便坐殿；延和殿以北又有延曦、迩英二阁，前后排列，同为侍臣讲读之所。迩英阁后还有一座小殿叫作隆儒殿。

皇仪殿在垂拱殿西侧，也形成一条轴线。皇仪殿旧名滋福殿，真宗咸平年间太宗的明德皇后曾在此居住，叫作万安宫。仁宗明道年间改名为皇仪殿。这座殿后来只作为处理皇后丧事的地方，常常废而不用。皇仪殿北是升平楼，可登高而望；升平楼北有睿思殿；再北是宣和殿，其东、西、南、北分别有凝芳、琼芳、重熙、环碧四小殿；宣和殿后还有玉华阁，建于徽宗大观年间。

皇仪殿的西侧有集英殿，是举行御宴和进士殿试的地方，曾用过广政、大明、含光、会庆等名称。殿后是需云殿。

除了上述这些殿宇外，由于北宋各朝皇帝多有文采，所以还累朝兴建了六阁以藏其御书、御集。其中，龙图阁在集英殿西南，建于真宗大中祥符年间，藏太祖、太宗的御制文集、典籍、图画和宝瑞之物等，其名称取龙马负图之义。龙图阁东序有资政、崇和二殿，西序有宣德、述古二殿。

天章阁在集英殿西面，龙图阁北，建于天禧四年（1020），收藏真宗的墨迹文集。因真宗在位时曾受“天书祥符”，故名天章，取为章于天之义。其东、西、南、北四面，分别有群玉、蕊珠、延康、寿昌四殿。阁内还有以桃花文石流杯之处。

宝文阁在天章阁的北面，即原寿昌阁，建于天禧年间。仁宗庆历初将其改为宝文阁，取宝书为训之义，内藏仁宗和英宗的御书、御集。

显谟阁和徽猷阁前已述及，在外朝区，分藏神宗和哲宗的御书文集；敷文阁收藏徽宗的御集，建成较晚，似也在外朝区。上述这六阁还各置学士、直学士、待制等官职，品位很高。

后苑在内廷区西部的西北角，是一处小型的皇家园林。据《汴京遗迹志》记载，宋太祖乾德三年（965）时，曾引金水河贯皇城，历经后苑，与内庭池沼之水都相通。

内廷区中央干道以东，主要是内诸司和皇太子宫。内诸司指皇城司、引进司、四方馆、内客省、军器库、供备库、内侍省、入内内侍省、内东门司、合同凭由司、御医院、管勾往来国信所、内藏库、奉宸库、六尚局等机构，都是为大内的生活服务、安全保卫和后勤保障而设立的。例如，皇城司掌管内廷出入；军器库收藏兵仗、器械、甲胄，以备军国之用；供备库负责供应大内膳食所需的米、面、饴、蜜、枣、豆等用料；内侍省负责宫中的清理、打扫工作；内藏库和奉宸库收藏珠宝金玉等财物；六尚局包括尚食、尚药、尚酝、尚衣、尚舍、尚辇六个部

北宋皇宫复原模型

门，分别掌管皇帝的膳食、诊治开药、酒醴、衣服冠冕、居室帐幕、车辇等事项。皇太子宫即东宫，位于东华门内，临近宫城东墙。此外，在这一区域还有翰林天文局，在六尚局的南面，内设漏刻、观天台、铜浑仪等仪器，可以进行天文观测。

北宋东京的宫城从宋太祖时算起，经历了 160 多年的繁华荣耀。在这段时间里，它一直是北宋历朝皇帝统治的中心。然而这一切，终于在金军攻陷东京后成了过眼烟云。靖康二年（1127），金军在宫城内进行了大肆劫掠，金银珍宝、锦绮、古玩、图书等都被掳走，宫城遭受了一次大劫难。金贞元三年（1155），宫城遭到了最致命的打击，一场大火将宫内所有的建筑焚烧殆尽。后来金人为迁都开封，曾在北宋旧宫的基础上大兴土木，但早已不是原来的规制了。

综上所述，我们可以看到，由于北宋东京的宫城是从唐代节度使治所发展起来的，因而它的布局要受到很多条件的限制，不可能像隋、唐长安的宫城那样，完全按照理想的模式来建造。其布局中有很多器局不大之处。就宫城的南北中轴线来说，虽然与东京城的中轴线相重合，但轴线延伸到宣德门、大庆殿，形成气氛的高潮时，却突然停止，大庆殿的后门端拱门与大庆殿并不正对，再往北便是一条干道。轴线两侧的建筑也不严整对称。这样，宫城的中轴线就显得不太强烈、完整。另外，作为大朝会之处的大庆殿虽然开间 9 间，挟屋 5 间，有龙墀砂墀，但没有高大的台基，也就没有了唐大明宫含元殿的那种威猛壮丽的风格，甚至和宣德楼相比，似乎在等级和地位上也不相匹配。

尽管如此，这座宫城还是有它自身鲜明的特点，并对后世产生了巨大影响，为后人所仿效。

第一，宫城居中，四面开门的布局方式。宋以前的宫城多出于防卫的原因，设在内城（或皇城）的北部或一隅，因而无法四面开门。北宋东京的宫城则位于内城的中部，四向辟门。这固然是由于历史原因造成的，但其布局方式却为后来的金、元、明、清所继承，而且宫城的位置逐渐南移。

第二，御街千步廊制度。这种在宫城正南门前的御街两侧设御廊的制度，是宋代首创。它强调了宫城的前导空间，突出了宫城的威严气势，艺术手法是成功的，因而也为以后各代所继承。

第三，华丽、细腻的艺术风格。我们知道，唐代的宫殿建筑总的来说风格较为朴素、淡雅，一般只用灰瓦，很少使用琉璃瓦；红色柱枋门窗配以白墙，鲜明但不夸耀。到了宋代，由于社会经济的发展和风气的改变，艺术上开始追求纤巧、秀丽的风格，宫殿建筑的装饰也变得华丽起来。琉璃瓦的使用多了；彩画的种类也很多，依建筑的等级不同，有五彩遍装、青绿彩画、土朱刷饰三大类，并有退晕、对晕等手法；门窗有了多种棂条组合，精雕细刻，以致后来金朝的海陵王在修建燕京的宫殿时，将这些门窗拆下运走。此外，须弥座、柱础等石刻构件的雕刻也极为细致精巧。这种风格，是北宋整个时代艺术风格的反映，并深刻地影响到以后几个朝代的宫殿建筑艺术风格。

第二节

南宋临安的宫殿

>>>

临安的宫殿，在临安城内分布于两处，一处是皇城，宋人称之为大内或南内；另一处是德寿宫，在皇城的北面，也称北内。

皇城位于临安城的南部，凤凰山的东麓；背靠凤凰山，面临钱塘江，西北不远处即为西湖，周围景色秀美。皇城是由原杭州的州治改建而成的。建炎三年（1129），赵构为金兵所迫，逃到杭州后将州治改为行宫。绍兴二年（1132）正月，南宋的行都由绍兴府迁至临安，遂以原有州治为基础，进行了一些改建，但规模不大。绍兴八年（1138），南宋正式定都临安，原杭州州治作为皇城也确立下来。

起初，临安行宫的宫殿制度非常简陋，也没有什么华丽的装饰。如绍兴初年，行宫外朝只有一座殿；道路及附属建筑都没有建好，遇到雨天，百官上朝只得冒雨在泥泞中行走。这主要是由于时局不稳、无暇兴建和财力匮乏造成的。绍兴元年（1131），赵构委派内侍杨公弼和两浙转运副使兼临安知府徐康国筹建宫室时，就嘱咐他们说："止令草创，仅蔽风雨足矣；椽楹未暇丹雘亦无害。"不久徐康国奏请兴建100间房屋，而杨公弼请求再多建一些。结果赵构没有同意杨的请求，决定按徐的方案去办。

绍兴八年后，临安宫殿建设的步伐有所加快。尤其是绍兴十一年（1141）冬宋、金达成合议，局势稳定以后，大规模的宫殿建设展开了。到绍兴末，在20年左右的时间里，皇城内已修建了不少新的殿宇。绍兴二十八年（1158）还扩展皇城，超出了原来州治的范围。这时皇城才建设得比较完善起来。此后，孝宗等几代皇帝也都有所兴建，但总的布局和规模再没有大的改变。据《武林旧事》记载，临安的皇城内当时共有殿30座、堂33座、斋4座、楼7座、阁13座、台6座、轩1座、观1座、亭90座，已经具有了相当的规模。不过在风格上，整个南宋时期，皇城内的建筑基本上还是保持了初期比较质朴的作风。

皇城周围4.5千米，南近钱塘江，北至凤山门，西至万松岭，东到候潮门。有5座门，正南门为丽正门，北门为和宁门，东有东华门，西有西华门，此外还有一座东便门。

丽正门是大内正门，其制度有些类似汴京大内的乾元门，有3个门洞，大门金钉朱漆，画栋雕甍；上有门楼，覆盖着铜瓦，雕刻有龙凤飞舞的形象，巍峨壮丽，光耀溢目。门的左右两侧，列两阙以及百官待班阁。门外又有登门检院和登闻鼓院东西相对，两院前都摆放着红杈子。当时丽正门的禁卫极为森严，无人敢在这里乱走乱看。

大内北门和宁门是大内的后门，在临安城的孝仁、登平坊巷之中。和宁门也有3个门洞，其金碧辉映不亚于丽正门。门外设有百官待班阁和待漏院，前面都摆放着红杈子。和丽正门一样，和宁门的把守也非常严密，若有官员出入宫门，卫士便高唱其官阶，以示威严。东华门在皇城北面偏东处，须经过登平坊才能进入，是大内的内门；东便门位于皇城的东南角；西华门的名称虽有记载，但具体位置目前尚不十分清楚。

皇城内大体上包括外朝、寝宫、东宫和后苑四个区域，总体布局较为自由随宜。其中，外朝区位于皇城南部，主要有大庆殿和垂拱殿。

从丽正门进入大内，首先是正衙殿即大庆殿。大庆殿是举行正旦、冬至大朝会和大庆典礼的地方，坐落在汉白玉宿成的高6米多的台基

临安丽正门

宋辽金夏建筑雕塑史

上。大殿内部的正中，有一座高2米多的平台，上面摆放着皇帝的宝座，金漆雕龙，旁边有蟠龙金柱。大庆殿的殿身通体金碧辉煌，总高度达到百尺，极为壮观。

除了举行大朝会和大庆典礼以外，在不同的时候，大庆殿还担负着其他一些不同的功能，即一殿多用。例如六参起居、百官听宣时，殿牌就改为文德殿；皇帝生日时，殿牌改为紫宸殿；进士唱名时，殿名为集英；行祭天礼时，为明堂殿。总之，随着举行活动的不同而随时改换为相应的殿名。

垂拱殿在大庆殿后面，是常朝四参起居之地，建于绍兴和议后。殿前有南廊9间，正中是殿门，三间六架，面宽约15.3米，进深约10米。垂拱殿则5间12架，总面宽约28米，进深约20米。其南檐下，又伸出檐屋3间，每间的开间和进深都是约5米，从而使垂拱殿呈现“T”字形的平面。此殿东西两侧，还各有朵殿两间，东西廊20间，向南与南廊相接，形成一个狭长的殿庭。从规模和制度来看，垂拱殿虽是外朝大殿，实际却仅相当于当时一个大郡衙署的厅堂。

除了大庆殿和垂拱殿以外，外朝区还有天章等6阁，供奉宋太祖以来各位皇帝的御书图册等。

皇城的寝宫区，位于外朝区以北，是皇帝和后妃们生活的地方。按吴自牧所著《梦粱录·卷八·大内》记载，寝宫区内有10座殿，即延和、崇政、福宁、复古、缉熙、勤政、嘉明、射殿、选德、钦先孝思等10殿。

延和殿，位于垂拱殿的后面，本是一座7间的拥舍，供斋宿使用，孝宗淳熙八年（1181）改为延和殿，成为便坐视事之殿。延和殿的制度等级低下，仅有一级台基，如同普通人家的居室。

崇政殿与垂拱殿同时兴建，其规模制度都与之相同。绍兴十五年（1145）正月朔日，因为当时没有大庆殿，所以就在崇政殿举行了南宋第一次大朝会的典礼。当时使用了黄麾仪仗3358人，较北宋时少了三分之一；此外，除因为殿太小，帝辇出来时不鸣鞭外，一切都按过去的仪式进行。

其余八殿中，福宁殿是皇帝寝殿；复古殿是高宗阅读奏书、邀见大

临安城遗址

臣之处；缉熙殿建于理宗时；勤政殿建于度宗咸淳年间，是木帷寝殿；嘉明殿在勤政殿前，度宗时由绎己堂改建而成；射殿即选德殿，建于孝宗时，殿内有御屏风，列有诸监司、郡守姓名，以便皇帝掌握各级官员的情况；钦先孝思殿位于崇政殿东面，建于绍兴十五年，是神御殿，即供奉先帝画像，供后代瞻仰之处。

上述10殿以外，寝宫区内还有后妃居住的殿宇多处。例如慈宁殿是高宗为其母后韦后所建，以迎接她从金国返回南宋，慈明殿为宁宗的皇后即后来的杨太后所居，慈元殿为理宗的皇后即谢太后所居，仁明殿为度宗的皇后即全太后所居，此外还有坤宁殿等，为皇后所居。

东宫位于丽正门内，是皇太子宫。皇子未出阁时，只听读于宫内的资善堂书院；一旦被册立，就住进东宫。东宫创建于绍兴三十二年（1162）。这年五月，赵构立太祖赵匡胤的七世孙赵玮为皇太子，并赐名昚（shèn），当时赵昚就住在东宫。六月，高宗禅位，赵昚做了皇帝，即孝宗，宋朝的帝统重回到赵匡胤一脉。此后庄文太子、光宗等也都曾住在东宫。

东宫内起初没有多少建筑，比较简省。在光宗做太子时，一向节俭的孝宗就对太子辅臣说：今后东宫内不必再新建殿宇。我宫中还有很多用不着的殿宇，可以移建到东宫去。此后一段时间里，东宫内没有再新建宫殿。淳熙二年（1175）才建了一座射堂，作为太子游艺的地方。射堂所在的园圃中，还建有荣观、玉渊、清赏等堂和凤山楼，都是宴息之地。后来，东宫内的建筑渐渐多起来，除射堂外，还有凝华殿、瞻箓（音绿）堂、讲堂、博雅楼等。

后苑，即御花园，在绎己堂旁边的锦胭廊外，自成一区，有苑东门和苑西门，范围很广。

临安的宫殿除凤凰山东麓的皇宫外，还包括城内望仙桥一带的北内德寿宫。德寿宫原为太师秦桧的府第。绍兴三十二年（1162）六月，高宗赵构禅位于孝宗之后，命人将其改建为宫殿，名德寿宫，他退居于此，称太上皇。宫内有楼堂厅馆等建筑20余处，布局非常自由。其中聚远楼规模较大，内有屏风，上书苏东坡的诗句“赖有高楼能聚远，一时收拾付闲人。”载忻堂是宫中举行御宴之处。此处还有香远堂、清深堂、射厅、冷泉堂、文杏馆和罗木堂等，各有牌匾。

淳熙十六年（1189）二月，孝宗仿效高宗内禅故事，禅位于光宗后，也搬进德寿宫，并将其改名为重华宫。后来，宪明太皇后、寿成皇太后先后住在此宫，宫名也随之被改为慈福宫、寿慈宫。以后此宫逐渐空闲、荒废。咸淳年间，度宗临政时，以其地的一半改为民居，另一半营建道宫，即宗阳宫，以祀感生帝。当时，殿宇都重新建造起来，雄伟壮丽，圣真威严。宫囿花木，无不茂盛繁荣，令人耳目一新。

总的来看，南宋临安的大内宫殿值得称道之处是不多的。尽管临安皇城周围达到九里，比北宋东京的皇城大得多，而且也经过相当长时间的经营，但是皇城内殿宇的数量和规模始终没有达到北宋时的水平。比如外朝的大殿频频更换名称，以应付不同的使用性质；垂拱殿和崇政殿名为大殿，但从形制上看也只不过相当于大郡衙署的厅堂等，都说明了这一点。从皇城的布局来看，并不十分讲究轴线和对称，就连最应当肃穆庄严的外朝区也有很多权宜之处。另外，南宋宫殿建筑的装饰和色彩

南宋皇城北城墙遗址

也不及北宋宫殿华丽。以上所说这些固然是由于南宋国力有限，因而不得不提倡节俭造成的，但是我们有理由相信，南宋临安的宫殿还是相当简省、朴素的。

第三节 辽、金、西夏的宫殿

>>>

一、辽代的宫殿

辽代先后建有上京、东京、南京、中京和西京 5 座京城。五京中，上京临潢府是皇都，其余四京是陪都。在辽代二百余年的统治期间，五京都兴建了一些宫殿。现分别叙述如下。

（一）上京临潢府的宫殿

辽上京分为南北两城，呈“日”字形平面，北面是皇城，南面是汉城，大内就位于皇城内。大内创建于辽太祖耶律阿保机时期。辽天显元年（926），阿保机率军攻灭了渤海国，回到上京后，便扩展上京城郭，开始兴建宫室，并将其命名为天赞。

上京大内的四周有城墙。现在地面仍残留着当年宫墙的遗迹，是两条堆积不高的土垅，可以推断，当初的宫墙并不很高大。大内设三座门，正南门为承天门，其上建有楼阁，东门为东华门，西门为西华门。在承天门外，正对承天门有一条大街，叫作正南街，长约 900 多米，宽度大约有 10 米。正南街直通皇城的南门大顺门，在街的两侧分布着许多建筑物，如留守司衙、盐铁司、临潢府、临潢县、崇孝寺、天长观、国子监、孔庙、节义寺、安国寺、内省司等若干官署、府第、寺观等。

大内的主要宫殿是开皇、安德、五銮 3 座大殿，都建于天显元年。据记载，在大殿中陈列着历代帝王画像，每月朔望和节辰、忌日，上京的文武百官都要前来祭拜。三大殿中，开皇殿是正衙殿，建在原来被焚毁的明王楼基址上。天显二年，太祖的次子耶律德光即辽太宗称帝时，“诏蕃部并依汉制”，便是“御开皇殿，辟承天门受礼”。

上京的宫殿是模仿中原地区的宫殿制度建造起来的。比如三大殿的设置，大内的正门承天门朝南，东、西门分别叫作东华门、西华门等，都表明了中原地区建筑文化的影响。这其中的主要原因是，当时宫殿的筹划和建设，都是按照阿保机身边的汉人韩延徽的意图来进行的。另外，契丹族人素来过游牧生活，不习营建，城市和宫殿建设也要倚靠汉人来实现，所以其建筑风格倾向于中原地区的特色，也是自然而然的事情。

值得一提的是，上京的宫殿中也有一些特别之处，还能反映出鲜明的契丹民族特色。比如契丹人有东向的习尚，而据宋人薛映大中祥符九年（1016）的记载，他出使辽国上京时，见到承天门内有昭德、宣政二殿及其周围的毡庐，都朝向东方，就说明在大内中的有些地方还保留着契丹旧俗。

（二）东京辽阳府的宫殿

辽代的东京辽阳府，是在唐末辽阳故城的基础上修葺、扩建而成的，初名东平郡。天显三年（928），太宗耶律德光将其升为南京。10年后，又改为东京。宫城位于东京城的东北角，城墙高10余米，上有敌楼。城墙的四角建有角楼，各自相距1千米。宫城南面有3座门，上有楼观。城内建有两座殿。辽代东京的大内不设妃嫔，只有内省使副、判官看守。在宫墙的北边还建有一座“让国皇帝御容殿”。

（三）南京析津府的宫殿

辽代南京的前身是唐代的幽州城。五代时，刘仁恭父子占据幽州，曾在城内建有宫殿。辽会同元年（938），后晋将燕云十六州献与辽朝后，太宗德光下诏升幽州为南京，遂以原幽州西南隅的子城为皇城。大内位于皇城南部，正门为宣教门，后改为元和门。此外，大内还有南端门、左掖门和右掖门，后来左掖门改为万春门，右掖门改为千秋门，门上都建有门楼。大内的正殿曰元和殿，正对元和门，庆功和朝贺的仪式都在元和殿举行。除元和殿外，在大内和皇城各处，还散布着许多殿宇，如昭庆殿、嘉宁殿、凉殿和瑶池殿等，其中有些还是五代时遗留下来的建筑。

（四）中京大定府的宫殿

中京城是模仿北宋的汴京建造的，包括内外环套的三重城垣，从外到内依次是外城、内城和大内。大内位于内城的正中偏北，东、西、南三道城墙各长500米，北墙即内城的北墙。城墙的东南角和西北角各有一座角楼。大内的正南门为阊阖门，左右分别是东、西掖门。据宋人记载，阊阖门有3个门洞，门楼类似北宋汴京大内的宣德楼，但制度卑陋。宫城内的布局，目前尚不清楚，不过从整个中京城的布局情况，及我们所知的中京城乃是由燕蓟一带工匠兴建而成这一事实来看，其布局似应更加接近中原地区的制度。

以上便是辽代4座京城的宫殿的情况。至于西京大同府的宫殿，由于目前所知的资料甚少，故此处从略。

总的来看，辽代的宫殿制度是非常简陋的。即使是作为皇都的上京，其大内也只有区区几座殿，和中原地区的宫殿制度简直无法相提并论。这其中的主要原因就在于，辽代始终存在着一种斡鲁朵制度。辽朝的政治和行政中心始终在斡鲁朵，即行宫或者叫作宫帐之中，并随同皇帝到处游动。换言之，辽代先后设立的5座京城，只不过是充当着象征性的首府的角色，大内也只是象征性的天子之居。事实上，这些按照中原方式建造起来的宫殿从建成后，辽朝的皇帝就几乎没有像中原的皇帝那样住在大内之中。根据近来一位学者的统计，在辽代的120余年中，9个皇帝在某个京城偶有长时间驻跸者，其时间之长，未见有超过6个月的，一般只有寥寥数日而已。明白了这一点，我们就不难理解辽代宫殿的真实情况了。

二、金代的宫殿

金以会宁、燕京、开封为都，先后在三地建有宫殿。兹分别叙述如下。

（一）上京会宁府的宫殿

女真族兴起之初，并无城郭。国主常浴于河、牧于野，其屋舍、车马、饮食之类，与下属没有什么不同。国主所独享者只有一座殿，即乾元殿。这座殿建于金太宗天会三年（1125），周围栽种柳树，作为禁围，平时无事时就锁起来。有时也打开来，国主与臣下都坐在殿内的炕上谈论，后妃在旁边亲自侍候饮食。天会十三年（1135）又建了庆元宫。

天眷元年（1138），金熙宗以原来的国都为上京会宁府，将乾元殿改名为皇极殿，并陆续在上京兴建了一些宫殿建筑。如建有朝殿曰敷德；寝殿曰宵衣；书殿曰稽古；明德宫、明德殿，乃太后所居，熙宗曾在此安放太宗御容。皇统二年（1141），又建名为凉殿的一组建筑，门曰延福，门内有五云楼、重明殿。重明殿的东西庑分别有东华、广仁、西清、明义4殿，后面是龙寿、奎文两殿分列东西。此外，还建有泰和殿、武德殿、熏风殿等不少殿宇。

现在黑龙江哈尔滨市阿城区以南的白城，尚存金上京的城址。从遗址可以看出，宫城位于上京南城的西北角，南北约为650米，东西500米。宫城的正门朝南，门前列有两个阙亭。宫城内，在正对着正南

金上京会宁城遗址

门的中轴线上，沿着南北方向有多座建筑的基址，其中，主要的宫殿呈“工”字形。整个宫城的布局较为严整有序。从现在宫城的遗址我们还可以知道，当年金上京的宫殿建筑屋顶上都普遍应用了黄绿色的琉璃瓦。

（二）中都的宫殿

中都的宫城，是在辽代南京宫城的基础上扩建而成的。金天德元年（1148），海陵王完颜亮为迁都燕京做准备，先派遣画工去汴梁描画那里的宫殿制度，并命令左丞相张浩等负责在燕京按图修建。天德四年，新宫城建成，随后，在贞元元年（1153），海陵王开始迁都。

中都的宫城，位于皇城的中心而略偏东。宫城内划分为左、中、右3个区域。宫城的正南门应天门，正对宫城的中路。应天门旧名通天门，上面建有11间的门楼，下面有5个门洞，总高约26.6米，朱漆金钉，金碧辉煌。应天门两挟有曲尺形平面的三层门楼，下有登闻检院和登闻鼓院，其制度如同北宋东京大内的左、右升龙门。在应天门的东西两侧各0.5千米，还有两座宫门，分别是左、右掖门，各自通向大内的左、右两路。

应天门内是一个封闭的庭院，其东西两厢各有30间行廊，行廊中间有左、右翔龙门，能各自通向左、右掖门内，即大内左、右两路。应天门的北面是开间9间的大安门，两旁隔行廊3间，分别是日华、月华门，各3间。在日华门和月华门的外侧，又有行廊7间，连接应天门内东西两厢的30间行廊。

大安门内，是宫城的前殿大安殿，其地位相当于北宋东京大内的大庆殿，朝贺、册尊号等重要仪式都在这里举行。大安殿11间开间，旁有朵殿4间，行廊各4间。下有露台三重，两旁曲水环绕。露台前有台阶14级，最上层石级中间是涩道。大安殿前有宽阔的殿庭，其东西两侧各列有60间行廊。行廊中间设有楼阁，东西对峙，东为广祐楼，西为弘福楼，都是5间面阔。大安殿后还有一座香阁，与大殿相通。

大安殿的北面，正对大安殿，是大安后门。穿过大安后门，有一处小庭院，可以经过庭院东西两侧的左、右嘉会门，通往大内左、右两路的宫殿区。

大安后门以北，先后有宣明门、仁政门、仁政殿。仁政殿是常朝殿，9间，前有露台，殿的左右两侧有东、西上阁门。殿庭东西各有30间行廊，行廊中间钟、鼓楼对峙。仁政殿是辽代南京遗留下来的殿宇，非常质朴，坚固耐用。金世宗曾对大臣说："宫殿制度倘若只追求华丽，一定不会坚固。现在的仁政殿是辽代所建，全然没有华丽的装饰，但见它处处完好无损，和原来一样。"仁政殿以北，是宫城的北门。

从左掖门进入宫城，是宫城的左路宫殿区。自南向北，依次有敷德门、东宫、粹英门、寿康宫、承明门和内省等。其中，东宫是太子居住的地方，寿康宫，是皇后居住的地方。在右掖门内，是宫城的右路宫殿区，有鱼藻池、蓬莱阁等。还有16座宫殿，为妃嫔所居之地。

金中都宫殿建成后，曾经有人这样评价中都宫殿的雄伟壮丽，认为即使是秦代的阿房宫、汉代的建章宫也不过如此。应该说，中都宫殿的设计和建造还是比较成功的。

首先，它的布局非常严整有序。从宫城正南门应天门直到宫城的北

曲江池遗址公园

门，有一条贯穿宫城的中轴线，与中都城的中轴线相重合。在轴线上，依次是大朝殿、常朝殿等重要的殿宇。通过重重的门、殿的组合，在不同的场合，空间收放自如，主次分明，节奏有力。轴线的两侧，宫城中路的建筑保持严格的对称格局，使得中轴线的艺术效果更加完整、强烈，从而更加突出表现了帝王应有的唯我独尊的气势。应该说，这一点是北宋东京大内所不及的。事实上这种做法，还直接影响到后来明、清两代宫殿的布局。

其次，其成功地运用了前导空间，以渲染宫殿的艺术气氛。从皇城正南门宣阳门开始，正对宫城正南门应天门，是宽阔的御街，中央有朱红杈子两列，将路分成三道。御街以路边的大沟为限，沟外种植柳树。御街的东西两旁是千步廊，各有近200间。长廊沿南北方向分成两段，在宫城和皇城的城墙之间，以及两段之间各有一条横街。千步廊向北靠近宫城处，又向东西转向，各有百余间，从而使宫城前形成一个“T”字形的广场。长廊的南端，东西两侧建有三层的文楼、武楼，护以绿栏杆。沿长廊向北，在长廊的东西两侧，建有太庙、三省六部、会同馆、来宁馆等官府衙署厅舍。从这些处理手法来看，显然是借鉴了北宋东京大内宣德门前的御街千步廊制度。它先是通过狭长、单调的空间。来塑造一种严肃的气氛，然后在宫城前，以舒展的横街来充分展现天子宫阙的雄姿。一收一放，空间由压抑而至顿时豁然开朗，其艺术效果应该说是成功的。后来明、清两代北京的宫殿也都仿效了这种处理手法。

最后，中都的宫殿在艺术形象的塑造上也颇为成功。它不仅具有北宋宫殿纤巧秀丽、柔和绚烂的特色，更借助制作精美的琉璃、汉白玉石等的广泛运用，将宫殿建筑装扮得金碧辉煌，从而成为明清宫殿建筑富丽色彩之先声。

中都的宫殿之所以能够建设得比较完善和成功，与设计和布局时参考了汴京的宫殿制度是分不开的；同时，一大批从中原地区掳来的工匠参与了宫殿的建设，也是一个很重要的因素；甚至连汴京的宫殿中的一些精华，如制作精美的门窗、艮岳的湖石等，干脆都被直接拆卸下来运送到中都，更是为它增色不少。

令人遗憾的是，中都的宫殿仅仅存在了六十几年，就遭到了灭顶之灾。大安二年（1210），蒙古军前锋兵临中都城下。由于时值严冬，城内缺少薪柴取暖，金主卫绍王不得不下令拆掉几座殿，作为薪柴。贞祐二年（1214），中都被蒙古军攻破，宫殿连同中都城一道，化为一片废墟。此后，又经过元、明、清三代，中都的宫殿终于彻底地消失了。

（三）金南京开封府的宫殿

贞元三年（1155），海陵王完颜亮刚刚迁都燕京两年，便暗自打算迁都汴京，企图借以发动南征，一举消灭南宋政权。于是他先派遣参知政事冯长宁为留守，经营修缮在南京开封府的北宋大内。没想到时隔不久，一场大火彻底烧毁了那里的宫殿。海陵王大怒，将冯长宁免职为庶人，不久又将其杖死。正隆元年（1156）冬，海陵王委派左丞相张浩领行台尚书省修复汴京大内，并下诏：“其大内规模，一仍旧贯，可大营新构，乘时葺理。”

宫殿建成后，海陵王于正隆五年（1161）六月迁都汴京。3个月后便亲率大军伐宋，不久战败，为乱兵所杀。世宗即位以后仍以中都为都，新建成的南京宫殿遂废。贞祐二年五月，宣宗完颜珣为避蒙古军锋芒，迁都汴京，并重新整修了开封的城墙和宫殿。宫殿制度大体仍沿用北宋旧制。

宫城的正南门为承天门，5 个门洞，前列双阙。由承天门向北，依次有大庆门、大庆殿、仪德殿、隆德门、隆德殿、仁安门、仁安殿、纯和殿、福宁殿及苑门，都排列在宫城的中轴线上。大庆、仪德、隆德、仁安 4 殿，屋顶有琉璃筒瓦，是外朝所在，百官可以到达。其中大庆殿是外朝正殿；仁安殿，相当于宋代的集英殿。后面便是内宫，纯和殿为正寝殿。

此外，宫城的右升龙门内有启庆宫，制度宏丽，金碧辉映。左升龙门内有圣寿宫，是太后宫，内有徽音殿、长乐殿、德寿殿等。出圣寿宫，在宫城左掖门内还建有秘阁。

金南京的宫殿极尽豪华奢侈之能事，修建时所费的人力物力惊人。据记载，当时“运一木之费至二千万，牵一车之力至五百人。宫殿之饰，遍傅黄金而后间以五彩，金屑飞空如落雪。一殿之费以亿万计，成而复毁，务极华丽”①。就是这样一座华丽的宫殿，建成 70 余年后，终于在蒙古军攻破开封后被毁掉了。

三、西夏的宫殿

西夏王朝的宫殿迄今早已荡然无存，无从寻找了。留在各种史籍上的记载，也是凤毛麟角，很难见到。我们目前只能大概知道一些关于它的简单情况。

天授礼法延祚元年（1038），元昊自立为皇帝，正式建立西夏国，定都兴庆府。在此之间十几年间，西夏曾在兴庆府（当时的兴州）扩展宫城，构筑门阙宫殿，即元昊宫。兴庆府的宫城位于城的中心偏西北的位置，“逶迤数里，亭榭台池并极其盛”②。宋仁宗时，北宋名将种世衡派去兴庆府诈降的王嵩见到西夏的宫殿“厅事广楹，皆垂斑竹箔，绿衣小竖，立其左右”。从现在出土的西夏时期的建筑材料来看，当时已经有了砖、兽头、脊饰和黄、绿、蓝色的琉璃瓦以及精美细致的石雕龙柱、柱础等，其宫殿建筑一定非常华丽壮观。

① 《金史·海陵王纪》。
② 《西夏书事》。

第四章

园　林

4

中国古典的自然山水式园林作为一种特殊的建筑艺术形式，历史非常悠久。从古到今的历代王朝先后兴建了无数优秀的园林作品。它的发展、演变的过程，就是人们不断追求美好生活情趣和崇高精神境界的过程。

据考证，最早的园林出现于商周时期。之后，秦始皇、汉武帝相信神仙之说，在关中平原兴建了规模空前的苑囿，凿太液池，池中筑蓬莱、方丈、壶梁、瀛洲等东海仙山，从而开创了自然山水园林的基本格局。这时人们对于园林的理解，还只是处于追求幻想变成外在现实这样一种质朴感受的阶段。

魏、晋、南北朝时期是园林真正由宫廷走向士人阶层的时期，同时也是园林艺术得以广泛深入发展的时期。当时，佛教思想渗透到社会生活的各个方面，士大夫沉醉于寻求精神解脱，无不以放浪形骸，山居野栖为高雅。在诸多因素的影响下，园林就成了追求超凡脱俗的具体体现，士大夫争相营造私园。那些私园凿池筑山，聚石引水，景物宛如自然生成，并于山林野趣之间，蕴涵着士大夫所赋予的内在的精神寄托，可以说初步形成了我国自然山水园林的艺术风格。

隋、唐时期造园之风盛行，园林规模很大。所建园林仍旧沿用了秦、汉时期的海中神山造景主题，但艺术风格明显趋于社会化、世俗化，同时有的园林还向社会开放。如隋炀帝在东都洛阳建造的西苑，有周围十余里的大型湖面，湖中筑蓬莱、方丈、瀛洲等仙山；苑中结合湖面、水渠，又建造了16院，每院一组建筑，内植各种花木，并常有妃嫔居住。又如唐长安东南部的曲江，就是一种向社会开放的公共性质的园林。

两宋时期，随着社会经济的发展和追求享乐的社会风气的滋长，园林艺术也进入了一个非常重要的发展阶段。在这一时期，以两宋园林为代表的古典园林艺术逐步成熟起来。无论是造园的数量、技术水平或是艺术水平都较前代有了很大的提高，园林也已经深入到整个社会生活的方方面面。据记载，北宋时汴梁的皇家园林就有不下9处；南宋临安的皇家园林有十几座之多；至于各地的私园，数量更多。这些园林无论是皇家园林还是私人园林，其中很多都对公众开放，任人游览。甚至有一些寺观、酒楼也开辟园林，吸引游人，如汴京城西的宴宾楼酒店就有亭榭池塘、秋千画舫，酒客可租船游览。两宋时期造园技术水平有很大发展。比如当时园林中盛行叠山架石，有很多人专业从事叠山，并以此为生，称为山匠。另外，两宋的园艺水平也相当高，据《洛阳名园记》记载，洛阳的花匠擅长嫁接技术，造就的桃、李、梅、杏、莲、菊就各有数十种；牡丹、芍药则达到上百种；而且号称难种的远方奇花如紫兰、茉莉、琼花、山茶等在洛阳都能成长，因此洛阳园圃中的花木有上千种之多。

从两宋园林的艺术成就来看，无论是皇家园林还是私家园林、寺观园林，都涌现出许多优秀作品，不仅在当时闻名于世，而且对后世的造园艺术也产生了深远的影响。其中最典型的莫过于艮岳，其规模之大，制度之精美，举世无双，称得上是划时代的杰作。可以说两宋是我国古代园林艺术发展的一个高潮时期。

艮 岳

艮岳，古典园林建筑之一，中国宋代的著名宫苑，初名万岁山，后改名艮岳、寿岳，或连称寿山艮岳，亦号华阳宫。在园林掇山方面称得上集大成者，可谓“括天下之美，藏古今之胜”。

辽代园林并不发达，金与西夏两国则出于对汉文化的倾慕而大兴宫苑。金代造园风气之盛与两宋相比，甚至有过之无不及。如金中都城内外见于历史记载的苑囿、行宫就有十几座，成为明清时期北京地区皇家园林的先声。

第一节

北宋东京的皇家园林

>>>

北宋东京的皇家园林集中在东京城内和紧邻外城的地方。其中，在城内有大内后苑、延福宫和艮岳 3 处，城外主要有被称作东京四园苑的琼林苑（金明池）、宜春苑、玉津园、瑞圣园 4 处。这些皇家园林与前代相比，规模虽然没有隋、唐时皇家园林那么大，但精美程度则有过之无不及。

（一）大内后苑

大内后苑位于宫城西北，后周时便是宫城苑囿的所在地。宋太祖赵匡胤营建大内宫室时，曾于乾德三年（965）引金水河贯皇城，经过后苑，与内庭池沼的水面都相通。

后苑有东门曰迎阳门，明道元年（1032）时改为宣和门。在后苑内，建有许多殿、阁、亭、榭。殿宇有崇圣殿、宜圣殿、化成殿、金华殿、西凉殿、清心殿、玉华殿、基春殿、流杯殿、观稼殿、宝岐殿等。其中，流杯殿是皇帝做游戏、饮酒的地方；观稼殿和宝岐殿是皇帝观看种稻和收麦的地方。后苑内，除了奇花异木以外，还种植一些农作物，也相应建了观稼和宝岐两殿供皇帝观看农事。皇祐元年（1049），后苑所种的麦子到了收割季节，仁宗皇帝亲自到宝岐殿观看，并对大臣说出他的想法："朕建此殿，并不打算种植花卉，而是每年种植麦子，这样才能更多地了解耕种、收获是多么的不易啊。"除了这些殿宇外，后苑内还有其他的一些建筑，如翔鸾、仪凤 2 阁和华景、翠若、瑶津 3 座亭子。

后苑内的这些建筑，是在 100 多年的时间里陆续建成的。应该说，在不大的空间里，建造这么多的建筑，密度还是非常高的，需要有高超的水准，才能处理好这座园子的艺术效果。

据赵葵《行营杂录》记载，后苑中还发生过这样一个故事：一天，神宗在后苑内见人养猪，便问何用。养猪人说："自太祖以来就命令养猪，从小养到大，然后杀掉，再从小养起，累朝不改，不知何用。"神宗沉思很久后，命令有关部门从此以后禁中不许再养猪。一个多月后，禁中卫士忽然捕获一个妖人，因猪血能解除妖术，使妖精现形，便急忙想找猪血浇妖人，结果一时竟然无法找到。这时神宗方才想起养猪的事，领悟了祖宗的远略。于是后苑内又恢复了养猪。

当然，这则故事的情节中不免有些怪诞的成分，但是结合后苑中也种稻、种麦这一事实来看，我们不难想象，后苑中还颇有些农家情趣，这也许正是北宋大内后苑与众不同之处吧。

（二）延福宫

延福宫原来就有，其旧宫本在大内后苑西南，规模不大。政和三年（1113）秋，徽宗嫌后宫太小，蔡京为讨好徽宗，便派童贯、杨戬、贾详、蓝从熙、何沂 5 人，在大内拱宸门外扩建宫城，将原在那里的作坊、仓库、寺院、军营全部迁走。新建的宫城，其主殿沿用原延福宫的名字，曰延福殿，因而也叫作延福宫。

延福宫南临宫城北墙，东西方向与宫城东西方向的宽度相同，北面

延福宫遗址

直抵东京旧城的北墙。延福宫的东西各有一座宫门，东为晨晖门，出入的人最多；西为丽泽门，门禁制度与宫城相同。

延福宫的兴建可说是极尽豪华奢侈之能事。一开始，延福宫就被划分为5个区域，童贯等5人每人负责一个区。他们5人，争相以建造得高大奢华为荣耀，挖空心思，各行其是，互不沿袭，当时号称“延福五位”（指延福宫的5个区域）。后来不久，又跨越东京旧城修筑。

延福宫内，中间有延福、蕊珠两殿和一座名为碧浪玕的亭子，自成一区；宫内左侧有两区，建有穆清、成平、会宁、睿谟、凝和、崑玉和群玉7座殿。7殿的东西，还各建有15座阁。会宁殿北，有叠石假山，山上有翠微殿及二亭；凝和殿旁有明春阁，高达36.7米。阁旁有玉英、玉涧两殿，背靠城墙，殿前筑土植杏，曰杏岗，岗上竹林茅亭，引流而下。

宫内右侧也有两区，内有晏春阁，宽约40米，四面都有舞台，旁边建有3座山亭。还有凿圆池而成的海，“跨海为亭，架石梁以升山，亭曰飞华，横渡之四百尺有奇，纵数之二百六十有七尺”。海边引出泉水形成湖面，湖中建堤，连接湖中的亭子；堤中有梁，又使湖面连通；梁上还有茅亭。宫内，还有数不胜数的奇花异木、珍禽异兽、怪石岩壑等，幽雅秀丽，宛如天成。

延福宫建成后，徽宗亲自写了一篇文章来记叙它。之后园内又陆续建了村居、野店、酒肆之类的建筑，增加了一些野趣。

（三）艮岳

艮岳，在东京旧城东北角的景龙门内，上清宝箓宫的东面，与延福宫相距不远，但规模比延福宫大。

艮岳建于政和七年（1117）。关于它的兴建，还有过这样一则故事，徽宗刚刚登基时，儿子不多。这时有个叫刘混康的道士告诉他，京城东北角地势低下，倘若能稍微增高些，一定会多生儿子。徽宗将信将疑，便命人在那里建了一个数仞高的土坡。不久以后，后宫内果然接连不断生了不少儿子。徽宗大喜，从此更加崇信道教，同时也决定在京城的东北角大兴土木，建造更高的假山。

政和七年十二月，徽宗命户部侍郎孟揆在上清宝菉宫东面筑山，摹

艮岳园林局部复原图

仿杭州凤凰山的形象，叫作万岁山。建成后，因为在东京城的东北方，按八卦方位是艮位，所以又称为艮岳。宣和六年（1124），徽宗因有金芝产于艮位之万寿峰，将其改名为寿岳，又名寿山。此外，其正门为华阳门，所以也有人叫它华阳宫。

万岁山周围十余里，有东西 2 岭。东岭高峰耸立，其下植梅万株。山中有绿萼华堂和承岚、昆云 2 亭，书馆平面形状内方外圆，如同半月，八仙馆平面为圆形，还有紫石岩、祈真磴、揽秀轩、龙吟堂等处景致。

东岭的南面是万寿峰，嵯峨挺拔，两峰并峙，中有瀑布飞流而下，落入雁池。雁池的池水清澈透明，涟漪起伏，无数凫雁或浮泳于水面，或栖息于石间。池边有噰噰亭、绛霄楼，而周围的峰峦则骤然崛起，千重万叠，使人感觉若有几十里深。

西岭中，有叫作药寮的小屋，周围山上尽是人参、山蓟、杞菊、黄精等药草。又有西庄，建成农村屋舍的样子，周围则种植有禾、麻菽、麦、黍、豆等农作物。岭上又有巢云亭，可登临俯瞰群岭，若在掌上。此外，西岭还有白龙渊、濯龙峡，蟠秀、练光、跨云 3 亭和罗汉岩等处景致。

从西岭再往西，则有万松岭，旁边有倚翠楼、大方沼。沼中东有芦渚洲、浮阳亭，西有梅渚洲、雪浪亭。沼水又分出 3 个支流，西流为凤池，东出为研池，中间的支流则从流碧、环山 2 馆之间流过。馆中有巢凤阁、三秀堂，供奉着九华玉真安妃圣像。东池的后面，又有挥云厅等。从万松岭有磴道可登至介亭，即艮岳高达九十步的最高点。介亭左有极目、萧森 2 亭，右有麓云、半山 2 亭，向北俯瞰景龙江，只见江水流注山间。自介亭西行下山，有漱云轩、炼丹亭、凝真观，下视江边，可见高阳酒肆、清虚阁等。

万岁山的周围，在南山之外，又有小山，横亘 1 千米，曰芙蓉城，修筑得极为巧妙；景龙江外，有精美的馆舍；山的西北又有老君洞，供奉道教造像，其北面因瑶华宫失火，而取其地为大池，名为曲江池，池中有堂叫作蓬壶堂。

艮岳的一个突出的特点，就是叠石造山达到了登峰造极的地步。山的主体乃是由土堆积而成，山上则大量应用了太湖石、灵璧石，“雄拔

太湖石

太湖石造景

峭峙、巧夺天造”[1]。这些石头造型生动，“皆激怒抵触、若踶若齧、牙角口鼻，首尾爪距，千态万状，殚奇尽怪”。随着它们的盘旋之势，又“斩石开径，凭险则设磴道，飞空则架栈阁。仍于绝顶，增高榭以冠之”。山峰如飞来峰则“山骨虢露，峰稜如削，飘然有云姿鹤态”。还有紫石，“滑净如削，面径数仞，因而为山，贴山卓立，山阴置木柜，绝顶开深池，车架临幸，则驱水工登其顶，开闸注水而为瀑布，曰紫石壁，又名瀑布屏”[2]。总之，从当时很多描写艮岳的文字中，都可以找到大量关于艮岳叠石之奇异险绝、姿态万状的描写，反映出北宋时叠石艺术所达到的高超水准。

用于艮岳的石头连同花木，多是由外地运来。当年，蔡京、朱缅等人为了满足徽宗这个风流皇帝的爱好，千方百计，四处搜求奇花异石，运到汴京，号称花石纲。据记载，朱缅从太湖取石，将高广数丈的大石“载以大舟，挽以千夫”，遇到障碍便凿城断桥，这样经过几个月的时间

① 《华阳宫记》。
② 同上。

才能运到，“故花石至京师者，一花费数千缗，一石费数万缗”①。

当时为了运送特别巨大而又多窍的太湖石，避免在途中损坏，人们还专门想出了巧妙的办法。开始时，先以胶泥将众窍填实，外面以麻筋杂泥包裹，使之浑圆，晒干后极为坚硬。然后以大木为车运上船，再运走。到汴京后，则将其浸于水中，泥土便自然脱落。这样既节省人力，又无须担心损坏，真是可谓奇特。

运送花石纲将宋朝闹得国弱民穷，成为当时一害，竟至激起方腊起义。后来金军进攻时，宋朝也无力抵抗。元人郝经有诗曰：“万岁山来穷九州，汴堤犹有万人愁。中原自古多亡国，亡宋谁知是石头。”就恰如其分地道出了北宋的伤心史事。

艮岳里还有许多奇妙无比的景象令人叫绝。如艮岳刚刚建成时，宫人们用油绢造了很多口袋，以水浸湿，早晨时张挂在山岩之间，待充满了水蒸气后，就将它们收集起来。每当徽宗的车驾到来，则将袋中的水蒸气释放出来，一时到处云雾弥漫，使人觉得如在千岩万壑之间，叫作贡云。又如在艮岳筑山时，将大量的雄黄、炉甘石也筑进了山体中。雄黄可以驱走毒蛇；炉甘石在雨后经过日晒则能产生大量水蒸气，使雾气升腾，如同山中②。此外，艮岳中还养了无数的珍禽异兽，其中仅大鹿就有数千头，至于山禽水鸟更是数以万计，以至于“每秋风夜静，禽兽之声四彻，宛若山林陂泽间，识者以为不祥之兆”③。

可以说，艮岳代表了两宋时期我国古典园林艺术的最高水平。其恢宏壮丽、精美奇异的程度，在整个中国古代园林史上都是罕见的。它集中体现了当时更加注重人工造景、叠石为山的风气，并达到了登峰造极、无与伦比的境界，此后，这种风尚一直延续到明、清，为后世所仿效。

令人遗憾的是，这样一座举世无双的精美园林在建成之后不久，就遭到了毁灭。先是靖康年间金兵围城时，艮岳内的建筑被拆毁作为薪柴，山石被用作炮石，竹子被伐为篱笆，动物被杀了吃掉。后来，金人

① 《宋史笔断》。
② 《农田余话》。
③ 同①。

占领汴京，将一些山石运到燕京，并散于各处。现在北京北海的太湖石据说就是当时留下来的。金宣宗迁都于汴梁后，尚书术虎高琪展拓外城，取艮岳的土石来修筑北面的城垣，将流经艮岳的景龙江改为城壕，其余的池沼则都予以填平。艮岳终于彻底消失了。

（四）东京四园苑

东京四园苑，是指琼林苑（金明池）、宜春苑、玉津园、瑞圣园 4 座大型皇家园林，都在东京城外，四面各一。也有宋人将琼林苑、金明池、宜春苑、玉津园称作“四园”。事实上，金明池从属于琼林苑，而这两座园南北相对，距离很近，也可视为一处。下文亦将其一并论述。

琼林苑和金明池都在外城西面的新郑门外。琼林苑俗称西青城，建于乾德年间，是皇帝赐宴进士之处；金明池在琼林苑北面，太平兴国年间，引金水河流注其中，作为神卫虎翼水军训练的地方。后来就在此举行龙舟竞赛，即宋人所谓争标。

琼林苑内，松柏森列，百花芬郁。政和年间，在苑内的东南部筑华

开封金明池

嵴岗，高数十丈（约 33 米），上面建有楼阁，金碧相射。岗下“锦石缠道，宝砌池塘，柳锁虹桥，花萦凤舸”。此外，又有月池和梅亭、牡丹亭等亭子。

金明池与琼林苑隔街相对，在街的北面。金明池，是一座平面大致为方形的大型人工湖，周长约九里三十步。进入园内，沿池的南岸向西百余步，有面北的临水殿，建于政和年间，当年皇帝就在这里观看争标。再向西数百步，是仙桥，南北长数百步，中央隆起，如同飞虹，叫作骆驮红。桥上朱漆栏杆，桥下密排雁柱，支持桥身。桥的北面尽头处，是一座水中平台，正在金明池的中心。平台四岸都是石头砌成，台上建有 5 座殿，中央是大殿，四面各有一殿，5 殿的平面呈圆形，有回

开封金明池宝津楼

廊将各殿相连接。桥的南端，正对桥身是一座棂星门。门内靠近桥头处，东西各有一座彩楼，相对而立，每逢争标作乐时，楼上都站满了妓女。棂星门的南面，隔街有砖石砌成的高台，上面建有楼观，宽百丈有余，即宝津楼。宝津楼南还有宴殿、射殿。在金明池的北岸，正对水心5殿处，则有可停泊大龙船的大型水上建筑，叫作“奥屋”，即船坞。

每年的三月一日至四月初八，琼林苑和金明池都对游人开放，除少数禁区外，任人游玩行走。届时苑内百戏和池上水戏同时并举，热闹非凡。皇帝也会专程驾临金明池东岸，观看骑射百戏。东岸的路边都搭起彩棚，临水处的彩棚租给游人观看争标，靠近围墙的都是酒食店舍、游艺场所。不过这些彩棚都是临时性的，一到闭池则全部出卖。

这两座皇家园林能够定期对游人开放，给汴京的市民增添了不少生活的乐趣。每当开园开池，人们便纷纷相约前去游玩。同时，在他们的心中也留下了很多美好的回忆，这一点，从当时人们做了大量关于琼林苑和金明池的描写就可以看出。应当说，在一个封建专制的国家里，能做到这一点，实在是难能可贵的。

宜春苑，在汴京东面的旧宋门外，宋人也常称之为东御苑。其地本是太祖三弟秦王的私园，秦王被废后成为御苑。宜春苑亭台高大秀丽，花木繁盛。每年内苑赏花时，汴京诸苑都要进奉鲜花，其中以宜春苑所进为最多最好。北宋中期以后，宜春苑渐渐被荒废。王安石有诗描写了这种窘况：“宜春旧台沼，日暮一登临。解带行苍藓，移鞍坐绿荫。树疏啼鸟远，水静落花深。无复增修事，帝王惜费金。”

玉津园，在汴京城南的南熏门外，本是后周旧苑，宋代加以沿用。玉津园范围很大，但建筑很少。园内种植了15顷茭草，供大象食用，另外，还种有小麦。仲夏麦收时，皇帝要亲自赶来观看收麦。园内有一个动物园，专门饲养远方进贡来的珍禽异兽，如大象、麟麟、驺虞、神羊、灵犀、狮子、孔雀等。总的来说，玉津园景物不多，因此皇帝也不常来观赏。

瑞圣园，在汴京城北，旧名北园。太平兴国二年（977）改为含芳园。大中祥符三年（1010），真宗将在泰山发现的“天书”迎回后放在此园内，又将园名改为瑞圣。园内有大片竹林，也有大片土地当作农田耕种。

第二节
南宋临安的皇家园林

>>>

南宋临安的皇家园林和北宋时相比，数量更多，分布也更广泛，几乎遍布整个临安城的各处。这是因为杭州本来就是一座风景秀丽优美的城市，拥有更多营造苑囿的便利条件。从园林艺术的风格来看，南宋临安的皇家园林比北宋时更加精美细腻，同时更富有自然气息，因而也更接近私家园林的特点。下面分别叙述临安城的大内御苑和城内外各处的其他御苑。

（一）大内御苑

大内御苑也叫后苑，位于大内凤凰山上，地势高爽，可通过一条名为锦胭廊的长廊与宫殿区相连。大内后苑造园的典型特点，是写仿西湖的美丽景致。苑中有面积大约为 10 亩的大池，叫作大龙池，就是模拟西湖。池中种植红白菡萏万株。后苑中有可供避暑的翠寒堂，以日本国松木建成，不加朱饰，洁白得如同象齿，周围遍地是古松。据记载，有一天南宋大臣洪迈被召见于翠寒堂，当时虽然是三伏天，但翠寒堂内却寒气逼人。洪学士战栗不已，不可久立。皇帝问他缘由后，笑着让中贵人以“扣绫半臂”赐予他。由此可见，翠寒堂确实是避暑的好地方。在后苑中，还有很多盆栽花卉，如茉莉、素馨、建兰、麝香藤等，一共数百盆，陈放在宽大的庭中。花丛中风轮转动，清香满殿。

（二）临安的其他御苑

临安的御苑，除大内御苑外，有记载的还有十余座，如德寿宫后苑、玉津园等，分布在临安城内外各处，大多是风景优美的地段。

德寿宫后苑是临安御苑中规模较大的一座。和大内御苑一样，德寿宫后苑也采取了写仿西湖风景的手法。由于高宗酷爱湖山胜景，所以在宫中开凿池沼，引水注入；又叠石为山，以像飞来峰之景。在池的周围，后苑分为东西南北四区，景色各异：东区可赏名花，有香远堂看梅花；南区宴射，如载忻堂可举行御宴；西区以山水景色为主，有冷泉堂、文杏馆等；北区以亭榭为主，有日本椤木建成的绛华亭、赏桃的春桃亭等。德寿宫后苑在当时景色秀丽，孝宗也常来这里和高宗共同游玩，欣赏美景，以示孝心。

聚景园在清波门外的西湖边，孝宗曾在此休养。由于此园沿湖畔遍植垂柳，故有柳林之称。园内有会芳殿、瀛春堂、镜远堂、花光亭等多处殿堂亭榭。还有柳浪桥、学士桥。每当春季，这里柳浪翻滚，莺声悦耳，人称"柳浪闻莺"，是著名的西湖十景之一。嘉泰年间（1201—1204），宁宗赵扩曾奉成萧太后临幸。以后此园逐渐荒芜。

玉津园在外城嘉会门外 2 千米处，沿用了北宋玉津园旧名。绍兴四年（1134），招待来贺的金国使臣，曾宴射其中。淳熙年间孝宗曾带领太子、宰执、亲王讲宴射于此。

富景园在新门外，俗新东花园。孝宗时曾多次奉太后临幸。

屏山园，原来叫翠芳园，在钱湖门外，因面对南屏山而得名。园内有八面亭堂，一片湖山俱在眼前。

此外，还有玉壶园、琼华园、小隐园、集芳园、延祥园等多处御苑。南园曾为御苑，庆元三年（1197）时，被赐予韩侂胄。陆游曾作《南园记》以记之。

第三节
宋代的私家园林和寺观园林

>>>

一、私家园林

宋代的私家园林和皇家园林一样，在两宋经济、文化的发达时期，也进入了一个繁荣发展的阶段。这一时期私家园林的一个显著特点就是文人园林的兴起。在两宋，随着文人阶层在政治上地位的提高，文人的经济实力和社会地位也相应得到极大的提高，这样文人阶层普遍有了拥有私园的机会。同时，由于在政治上权力斗争的日益激烈，文人的社会地位也时有沉浮，或得意，或失意。他们常常要借助山水调整心态，抒发胸怀，甚或寄情于山水，逃避现实，以保持超凡脱俗、孤芳自赏的情操。所以，两宋的私家园林更多地表现为文人园。从私家园林的分布来看，主要在文人士大夫集中的大城市，如洛阳、临安、吴兴等地。下面分别论述之。

（一）洛阳的私家园林

洛阳在北宋时作为西京，已是九朝故都，八朝陪都。城中当时有很多隋、唐时的旧园。到了宋代，又有很多达官显贵住在这里，建造私园，洛阳一时间名园荟萃。宋人李格非在《洛阳名园记》中记载了当时比较出名的19座园林，其中有些是沿用隋、唐时的旧园。从他的记叙中，我们大致可以了解宋代北方私家园林的盛况。

1. 富郑公园

富郑公园在洛阳诸园池中开辟最晚，然而景物最胜。此园是仁宗、神宗两朝宰相富弼的私园，园在宅东。园内有竹林幽洞，又有四景堂、紫筠堂、重波轩、卧云堂及许多亭台建筑。富弼在还政归第之后，便谢绝宾客，燕息于此园中，前后达20年之久。园中的亭台花木，一切都出自他的匠心独运，所以整座园逶迤衡直、闿爽深密，都显得经过了深思熟虑。

2. 董氏西园

董氏西园内亭台花木不成行列，随宜布置，其景物都是岁增月葺而成。从南门入园，有3座堂，或在池边，或在竹林，竹林中有石芙蓉，水自花间涌出。还有一座堂面临高亭，虽然不大，但屈曲深邃，游人往往迷失其中。

3. 董氏东园

东园正门朝北。入内有栝树一株，树径大约10人才能合围，其果实小如松果，比松果香甜。园内有堂，可以住人。董氏家道兴旺时，载歌载舞，在此游玩，醉得回不去了，便在此留宿几十天。园内南部还有流杯亭，寸碧亭，其西有大池。水从四面八方喷泻而下，注入池中，再从阴沟中流出，所以从朝至夕，只见飞瀑入池，而池水却从不溢出。池中有含碧堂，洛阳人若有喝得酩酊大醉的，走进堂中，很快便能醒酒，所以人们也俗称这个大池为醒酒池。

4. 环溪

环溪是曾任宣徽南院使的王拱宸的宅园。因园内有南北两池，其间有溪相通，周围如环，故名环溪。园内有多景楼，可远借嵩山、少室山、龙门等名山的峰峦奇景。又有风月台，从台上向北望去，可以看到隋、唐时的宫阙楼阁，千门万户，绵延十余里。园内有凉榭和锦厅规模很大，宏大壮丽，可容纳百人。此外还有松、桧、花木千株，分类种列，非常整齐。

5. 刘氏园

刘氏园中有凉堂，其高下制度宜人。当时有懂《木经》的人看了说，近年来建造的房屋只追求峻立，所以住起来很不方便，且易于损坏；只有此堂正合乎制度。园内西南还有一座方十余丈的台，修建得极为精致。台上楼堂横列，廊庑回绕，周围树木花卉映衬，景致极好，洛阳人称之为“刘氏小景”。

6. 从春园

从春园内，桐、梓、桧、柏等树都成行列种植，乔木森然。有从春亭可北望洛水，听洛水声。此外还有先春亭。

7. 天王院花园子

洛阳有很多种类的花，但是人们只管牡丹叫作花。洛阳所有的园中都种有牡丹，唯独此园被称作花园子，就是因为园中一概没有什么亭子、水池，只有牡丹数十万株。凡洛阳城中以花木为生者，都以此为家。到了花开时节，园中便张开篷帐，开设市肆，奏起管弦，城中的男女老少也整天在此逗留；花期一过，这里又成为废墟，到处是残墙破灶。

8. 归仁园

“归仁”是坊名，归仁园占满了这一坊，东西南北各 0.5 千米。洛阳城方圆25千米余，有许多大园池，此园是最大的一座。园的北部种有牡丹、芍药千株，中部种着上百亩的竹子，南部种满了桃树和李树。

9. 苗帅园

此园原是开宝年间宰相王溥的园子，节度使苗侯得到后，在其基础上又加以构筑。这座园本来就是一座年代很久远的古园，景物都很苍老。园中旧有两株七叶树，高百尺，春夏季枝繁叶茂时望之如山。树的北面有堂，有竹万余杆。堂的南面有亭，东面旧有水流，自伊水引来，可以浮起载重10石（约970千克）的船，后来还在溪上建了亭子。此外，园中还有大松树7棵，周围水流环绕。

10. 赵韩王园

赵韩王园是宰相赵普的园子。宋初，皇帝命专管营造的将作监营建，所以其设计制作几乎可以和宫禁、官署相比。赵普死后，其子孙都住在京师，很少住在洛阳，因而此园平时也总是锁着。园内虽有高大的亭榭，到处种满了花木，每年却只有园丁在其间劳作而已。

11. 李氏仁丰园

洛阳的良工巧匠擅长花木嫁接，造就的奇花异木层出不穷，比如桃、李、梅、杏、莲、菊就各有数十种；牡丹、芍药则达到百余种；而且，远方奇花如紫兰、茉莉、琼花、山茶之类号称难种的花，唯独种在洛阳就与其原产地一样。所以洛阳的园圃中，花木有上千种之多。而在李氏仁丰园中，这些花木无所不有，可谓是集其大成。园中还有5座亭子，布置得十分整饬。

12. 松岛

洛阳人特别喜爱栝树和松树，松岛便是以松而闻名的园林。这座园本是五代时的旧园，后来经过修葺整理，亭、榭、池、沼十分精美。园内有数百年的松树，其东南角双松的形象尤为奇特。园中还有清泉细流，从东大渠引来，涓涓流淌，无处不到。

13. 东园

东园靠近东城，是仁宗时宰相文彦博的园子，本来是药圃。园内水面很大，泛舟而游，使人觉得如同在江湖之中。水中和水边，还建有数座厅堂，其间杂陈水石。文彦博官居太师，90 岁时，还不时在园中持杖而游。

14. 紫金台张氏园

从东园沿城向北是张氏园，园内水流环绕，满园是竹子。

15. 水北胡氏园

水北胡氏二园相距几十步，在邙山南麓，瀍水从旁边经过。园内凭借河岸开凿了两个土室，就像今天我们可以看到的窑洞，深百余尺，非常坚固。土室前有轩窗，下面便是瀍水，水流有时清浅，有时湍急，看了都很令人欣喜。土室的东面，还有亭榭花木，风景如同天造地设的一般，其精巧程度简直不像是人力所能达到的。

16. 大字寺园

大字寺园本是唐代白居易的园子。他所说的“吾有第在履道坊，五亩之宅，十亩之园，有水一池，有竹千竿”，指的就是这座园。寺中还保存有不少白居易的石刻。后来张氏得到此园的一半，叫作会隐园，园中的水和竹还可以称得上一流。

17. 独乐园

独乐园是司马光的园子。园很卑小，不能与其他的园子相提并论。读书堂，不过是数十椽屋；流花亭和弄水、种竹 2 轩也都很小；见山台高不过寻丈；钓鱼庵、采药圃只是用竹梢、落叶、蔓草搭建而成。司马光曾就园内的亭台作诗，在当时颇为流行。而独乐园之所以出名，也并非是因为园子本身。

18. 湖园

洛阳人说，园圃之胜有 6 点是很难兼备的：务宏大者，必少幽邃；人力胜者，必少苍古；多水泉者，难以眺望。而能兼具此 6 点的，只有湖园。此园原是唐代宰相裴度的宅园。园中有湖，湖中有堂，叫作百花洲。湖的北面有大堂叫四并堂。桂堂四通八达而正对东西道路。此外，园内还有迎晖亭、梅台、知止庵、环翠亭、翠樾轩等。一年四季，随着时间的不同，园中的景物都是那么美好宜人。

19. 吕文穆园

伊水和洛水从东南方向分别流注洛阳城中，而伊水尤为清澈，所以洛阳园亭多喜爱就伊水而建。如果能建在伊水的上流，则春夏季就不用担心水会干涸。吕文穆园就建在伊水的上流。园内竹木茂盛，有 3 个亭，一个在池中，两个在池外，一桥横跨池上，将其连接起来。

除了上面所说的 19 座园以外，洛阳还有些园池，各有值得特别称道之处。如大隐庄的梅，杨侍郎园的流杯等。大隐庄的梅是指早梅，香气很大，相传是从大庾岭移栽到此地的；流杯的水流虽急，但酒杯不会触壁，尤为奇特。此外，洛阳还有嘉猷、会节、恭安、溪园等园，都是隋唐时的官园，在宋代被犁为良田。

（二）临安的私家园林

南宋的杭州，是一座拥有百万人口的繁华富裕的大城市。由于有得天独厚的地理自然优势，所以杭州的私家园林极为兴盛。西湖沿岸、杭城内外，到处都分布着大大小小的私园。据《梦粱录》记载，当时较为出名的私家园林就有数十座之多。这些私园在城内万松岭，有内贵王氏的富览园、三茅观、东山、梅亭、庆寿庵、褚家塘等；清湖北面有杨府秀芳园、张府北园、杨府风云庆会阁等；南山长桥以西，有雷峰塔寺前的张府真珠园（内有高寒堂，极其华丽），塔后有谢府新园，亦即过去的甘内侍湖曲园，还有罗家园、霍家园、方家坞、刘氏园等；钱塘门外有柳巷、杨府云洞园、西园、刘府玉壶园、四井亭园、杨府具美园、饮绿亭、杨府水阁、裴府山涛园、赵秀王府水月园、张府凝碧园等；孤山路口，有内贵张氏的总宜园、德生堂、放生亭、公竹阁；沿苏堤有先贤堂院、三贤堂园、九里松嬉游园；涌金门外有张府泳泽园、慈明殿环碧园；城南嘉会门外有内侍张侯壮观园、王保生园，依包家山而建，园内种植桃花，乃是赏春的胜境；城北的北关门外，有赵郭家园；钱塘门外溜水桥有东西马城诸园，是城内专门种植怪松异桧、四时奇花的地方。总之，杭州城内这些亭馆台榭，在当时藏歌贮舞，盛极一时。

（三）吴兴的私家园林

南宋朝廷偏安江南以后，太湖一带也经历了长时间的和平。这一地区本来经济文化就很发达，这时期变得更加繁荣。许多士大夫居住此间，构筑了很多的私家园林。吴兴是太湖地区一座山水清秀、环境优美的城市，宋人周密（别号四水潜夫）对吴兴的园圃作了专门的记叙，后人将其整理为《吴兴园林记》，在书中记载了吴兴的36座园林。从这部书里，我们可以看到吴兴乃至整个太湖地区私家园林的概貌。

1. 南沈尚书园

此园是绍兴年间沈德和尚书的园子，靠近南城，有近百亩。园内果树很多，尤以林檎为盛。主要的建筑有聚芝堂、藏书室。堂前开凿大池，面积有几十亩，池中有山，叫蓬莱山，池的南部竖立着三枚巨大的太湖石，都高达数丈，秀润奇峭，在当时远近闻名。后来宰相贾似道打算弄到它，便派了数百强壮的民工，以大木搭起木架，用大绳将其吊起，缒城而出，再用大船联结起来装载，涉溪过江，一直运到他在越州的府第。途中还死伤数人。

2. 北沈尚书园

此园是沈宾王尚书的园子，在城北奉胜门外，依城而建，号称北村。园内有5个池子，三面都是水，极富野趣。还有灵寿书院、怡老堂、溪山亭、对湖台等建筑。从园内放眼望去，可以遍览太湖诸山。

3. 章参政嘉林园

此园的主人，是《吴兴园林记》一书作者周密的外祖父参知政事章良能。园在城南，占地数十亩。此园本是沈清臣故园，原有潜溪阁，后来建有嘉林堂、怀苏书院。相传苏东坡做太守时，曾多次来游玩。

4. 牟端明园

此园即郡志所说的南园。园内有硕果轩，因有梨树产大梨而得名。还有元祐学堂、芳菲二亭、万鹤亭、双杏亭、桴舫斋、岷峨一亩宫等。

5. 赵府北园

赵府北园本是孝宗生父安僖王的旧园。园内有东蒲书院、桃花流水、熏风池阁、东风第一梅等亭。由于此园在临湖门内，后面靠城，所以从城上眺望，能遍览园内胜景。

6. 丁氏园

丁总领园在奉胜门内，后依城，前临溪，乃是由万元亨的南园和杨氏的水云乡两座园合并而成。园内有假山及砌台。春天时，郡里的人都到这里来游玩，郡守每年督民垦荒、劝农事回来，也必在此举办宴会。

7. 莲花庄

莲花庄在月河的西边，四面临水。荷花盛开时，周围锦云百顷，这种景象在城里是见不到的。

8. 赵氏菊坡园

此园是新安郡王之园。园子前面有大溪，沿溪有长堤画桥，两岸蓉、柳数百株，倒影映照水中，如铺锦绣。园内亭宇很多。因园中岛上所种菊花多达上百种，故名菊坡。从园内隔水相望，还可以看到园旁的宅院。

9. 程尚书园

程文简尚书园在城东，建于宅后，靠近东城水壕。园内有至游堂、鸥鹭堂、芙蓉径等景致。

10. 丁氏西园

此园在清源门内，前临苕水。园内筑山凿池，因靠近苕水处有茅亭，所以也叫作丁家茅庵。

11. 倪氏园

倪文节尚书园是月河附近的一处园池，其四面都离水不远，所以有很多趣景。

12. 赵氏南园

赵府三园在南城下，和宅第相连。周围用地宽闲，所以气象宏大。园后建有射圃、崇楼等建筑，极为雄壮。

13. 叶氏园

此园乃宰相叶梦得族人孙溥创建，在城东，有不少竹、石胜景。

14. 李氏南园

此园是参知政事李凤山创建。他是四川人，园中有高大的楼阁，就叫作怀岷阁。阁名是宋理宗亲自给他书写的。

15. 王氏园

王氏园规模很小，然而曲折可爱。内有南山堂，临水有三角亭。

16. 赵氏园

赵氏园是端肃和王的园子，后面有池，相传是颜真卿留下的。此园依城曲折而筑，内有善庆堂，风景最好。

17. 赵氏清华园

此园是新安郡王的园子，后依北城，内有秫田二顷（约 0.13 平方千米）。其清华堂幽深清静，甚为可爱。

18. 俞氏园

此园是俞氏就临湖门的居所而建成的，园内假山之奇，甲于天下。

19. 赵氏瑶阜

此园离城很近，景物颇幽深。后有石洞，洞内收藏有书法石刻，叫作《瑶阜帖》。

20. 赵氏兰泽园

此园修建年代很近，制度颇宏大。园中有墓葬之地，又有大寺庙，牡丹尤盛。

21. 赵氏秀谷园

园内有一堂占据山巅，从中可遍览全城风景，蔚为奇观。

22. 赵氏小隐园

此园在城外北山法华寺后，内有流杯亭，引涧水流注其中，很有古意。园内的梅和竹也都特别美好。

23. 赵氏蜃洞

洞深不可测，相传这里过去曾有过蜃。

24. 赵氏苏湾园

此园距离南关 1.5 千米，离碧浪湖、浮玉山很近，山顶有雄跨亭，可以完全看到太湖诸山的风景。

25. 毕氏园

毕氏园靠近迎禧门，园子三面有溪流，南有山丘。

26. 倪氏玉湖园

此园是倪文节的别墅园，在岘山旁边。园名乃是取浮玉山、碧浪湖各一字合成的。园内有藏书楼，极富野趣。

27. 章氏水竹坞

这是章氏北山别业，园内景致以水、竹见长。

28. 韩氏园

此园距离南关不到 1 千米，过去归韩侂胄的家人所有。园内有三枚太湖石峰，各高数十丈，乃是韩氏全盛时役使成百上千的壮夫搬来此地的。

29. 叶氏石林

此园是宰相叶梦得的宅园，因其周围有成千上万的石头环绕，所以叫作石林。正堂叫兼山堂，旁边是石林精舍。园中有承诏、求志、从好等堂，以及净乐庵、爱日轩、跻云轩、碧琳池，还有岩居、真意、知止等亭。

30. 钱氏园

此园在毗山，离城 2.5 千米，依山而建。岩洞秀奇可爱，向下俯视太湖，伸手可触。钱氏的住所也在这里，有石居堂。

31. 程氏园

此园离城数里，是程文简公的别墅园。园内有藏书楼，藏书数万卷。

32. 孟氏园

孟氏园在城南河口，是孟氏的别墅园。内有高大的明楼，及十余座亭。

二、寺观园林

在两宋时期，由于统治阶级的提倡，佛教和道教在中国也得以进一步发展和传播。各地相继兴建了不少寺庙和道观。这些寺观多选址于风景优美的地区，与大自然相结合。一方面，这些寺观成了风景区中的风景点；另一方面，这种做法也促成了寺观本身日益趋向园林化。它们往往因山借水，结合地形，精心策划，来创造园林化的空间，或以寺周为园，或园在寺旁，或园在寺中，灵活布局。这些寺观园林的建设一般都由僧道们直接参与指挥，而他们较高的文化素养和精神追求，使得寺观园林和世俗园林一样，也都别有一番情趣。除此以外，还有一些寺观本身就是由贵族和士人的宅园改建而成，其园林的特征也自然与一般的私家园林无异。下面即以开封和杭州的寺观园林为例，说明寺观园林的概貌。

（一）开封的寺观园林

北宋的开封有很多寺观园林，都对游人开放。每年早春时节，元宵灯会结束以后，市民们便争相出城探春游园，在他们去游玩的地方中，寺观园林就占了相当一部分。《东京梦华录》一书记载了不少当时北宋东京的寺观园林。比如，州南的玉仙观、转龙弯西去的一丈佛园子、州东的乾明崇夏尼寺、州西的祥祺观，又有华严尼寺、两浙尼寺、巴娄寺，园内四时花木繁盛可观，此外还有铁佛寺、洪福寺、十八寿圣尼寺，都是游人的好去处。从这些记叙中我们可以看到，寺观园林遍布北宋东京的周围，非常兴盛。

（二）杭州的寺观园林

南宋时，杭州一带建有大量佛寺和道观。据《武林旧事》卷第五的《湖山胜概》记述，各种寺观就数以百计。其中，有相当一部分寺观或占据了湖山胜境，或结合寺观设立园林，成为当时杭州人游览的好去处。下面几处就是当时有名的寺观园林。

灵芝崇福寺，在五代时本是钱王故苑。因苑中生出灵芝，所以钱王将其舍为佛寺，寺名上也因而有“灵芝”二字。高宗、孝宗曾多次驾临此地。寺内有浮碧轩、依光堂，是新进士互相拜会、题名之处。有人曾就此寺作诗描写道：“黄金市地小桥通，四面清平纳远空。云气长扶天子座，日光浮动梵王宫。残碑几字莓苔雨，清磬一声杨柳风。沙鸟不知行乐事，背人飞过夕阳东。”

褒亲崇寿寺在凤凰山，寺内有凤凰泉、瑞应泉、松云亭、观音洞、笔架池、偃松、交枝桧等若干景致。

旌德显庆教寺规模不大，寺内有云扉轩。后山有泉石奇特，叫作林泉，泉石之间建有清壑、凝紫、静云等亭子。

景德灵隐禅寺，其寺名灵隐禅寺相传乃是葛神仙所书。也说是宋之问所书。真宗景德年间，寺名前又加了“景德”二字。寺内有百尺高的弥勒阁和莲峰堂、直指堂、千佛殿、延宾水阁、望海阁等，又有巢云亭、见山堂、白云庵、松源庵、东庵在山后，景色幽寂可爱。

下天竺灵山教寺是隋代古寺，当时称南天竺。寺内有曲水亭、前塔、跳珠泉、枕流亭、适安亭、清晖亭、九品观、堂石、面灵桃石、莲花水波石等许多景点，还有殿阁亭台多处。寺外周围数十里，岩壑尤美。从飞来峰转至寺后，景色奇特，“诸岩洞皆嵌空玲珑，莹滑清润，如虬龙瑞凤，如层华吐萼，如皱谷叠浪，穿幽透深，不可名貌。林木皆自岸骨拔起，不土而生，传言兹岩韫（蕴藏）玉，故腴润若此。石间波纹水迹，亦不知何时有之”①。此地早为风景名胜之地，其间唐、宋游人的题名多得数不胜数。

第四节
辽、金、西夏的苑囿

>>>

辽代的园林不太发达，主要是因为契丹人惯于过游牧生活，逐水草而居，不在某个地方定居。辽代的皇帝也始终保持着“秋冬违寒，春夏避暑”的生活习惯。他们四出游幸打猎，过着紧张、奔放、豪迈、有趣、极富刺激性的生活，与自然界始终保持着一种特殊的亲和关系。所以对他们来说，中原、江南的那种封闭式的园林是没有什么太大吸引力的。相反，几乎每一位辽代的皇帝倒是都对出猎特别钟爱，有的甚至到了痴迷的地步，以致荒废国事，被人篡夺了皇位。从现有的文献记载和考古发现中，我们也很难见到辽代有大举兴建园林的迹象。只是在原属汉地，受中原文化传统影响很深的辽南京析津府，随着皇城的建设，才

---

①《武林旧事》。

兴建了少量的园林，如内果园、瑶屿等。

金代早期不见有兴建园林的记载，主要原因是这时女真贵族正处于大规模的军事扩张时期，连年征战使之无暇顾及经营园林。这种情况到 12 世纪中期有了变化。此时中国的北方地区已完全处在金王朝的控制之下，政治、经济形势相对比较稳定，金王朝的统治者出于对中原文化的向往，决定迁都到燕京，并按照北宋东京城的模式来建造城市和宫殿。随着建设的展开，燕京内也模仿北宋御苑开始了大规模的园林兴建。据各种文献的记载，在燕京，即后来的金中都，建成的行宫、御苑有十几座之多。可以说，金中都园林的兴建，开辟了我国古代北方园林建设史上的第一个高潮时期，并为后来元、明、清三代在北京的园林建设打下了基础。

金中都的苑囿，在城内主要有西园、芳园、东园、北苑、南园、广乐园、同乐园、熙春园和东明园等。在城外，则有建春宫行宫、长春宫、大宁宫、钓鱼台行宫、香山行宝、玉泉山行宫和西山八院等。

这些苑囿中，大宁宫在中都城外东北方，相当于今天北京的北海一带，建于金世宗大定十九年（1179），后改为寿宁、寿安、万宁宫。由于有地处高粱河流域湖泊地带的有利条件，所以园内可以很方便地以人工开凿大湖。后来，元代在大宁宫以东建宫城，宫内有太液池和琼华岛，就沿用了大宁宫旧苑。同乐园，在内城的西门玉华门外，园内有瑶池、蓬瀛、柳庄、杏村等。钓鱼台行宫，即今天北京阜成门外钓鱼台的前身。相传金章宗曾在此钓鱼，而台下有泉水涌出，汇聚成池，到了冬季，泉水仍然不断。后来人称钓鱼台中的池水为玉渊潭。玉泉山行宫，在今天北京颐和园的西面。辽代就在此建立过行宫。金章宗在山腰建有芙蓉殿，并多次来此避暑、游玩。玉泉山的泉水有“天下第一泉”的美名，玉泉趵突也因此成为燕山八景之一。

元代以后，中都城内的苑囿全部遭到了破坏，地面建筑荡然无存，有的甚至连园中的水面也踪迹全无。只有中都周围郊区的行宫，还剩下不多见的一些遗迹。

西夏王朝的统治者骄奢淫逸，在西北地区曾建有豪华奢侈的苑囿。在其都城兴庆府内的宫中，就建有内苑。天授礼法延祚九年（1046），元昊利用兴庆府城内西北部的沼泽地，建了一座避暑宫苑。这座宫苑，乃是模仿唐长安兴庆宫、曲江池的皇家园林来建造的，“逶迤数里，亭榭台池，并极其胜”。此外，在贺兰山麓，西夏统治者还建造了大规模的离宫。据文献记载，天授礼法延祚十年（1044），元昊“大役丁夫数万，于山之东营离宫数十里，台阁高十余丈，日与诸妃宴其中”。从文献记载和考古发现看，西夏苑囿主要是模仿唐、宋苑囿来建造的，这与西夏人比较善于学习中原地区先进文化有直接关系。

第五章

宗教建筑

5

第一节 宋代的佛教建筑

在两宋时期，社会上流行的宗教主要是佛教和道教。此外，祆教、伊斯兰教、摩尼教、犹太教等在社会上也有所流传，但范围始终不太广泛，远没有达到佛教和道教那么普及的程度。上述这些宗教的流传，在当时都留下了或多或少的建筑遗产，从而大大丰富了我国古代建筑艺术的宝库。

佛教自从东汉时传入中国，经过将近一千年的发展，到了北宋，在社会上依然十分盛行。这时的佛教，已基本上完成了中国化的进程。北宋王朝的皇帝虽然多致力于提倡道教，但对于佛教同时也采取了一种比较宽容的态度。例如宋太祖赵匡胤就曾在殿中召集天下德才兼备的沙门，赐紫衣，举行佛教修行仪式，还派人去西域求法，又在成都首次印刷大藏经，成为世界印刷史上的一大盛事。宋太宗即位以后，致力于译经事业，建立译经院和印经院；而且在宫中设立道场，常设供养僧，他本人还亲自受菩萨戒。就连一向偏好道教的真宗，还在汴京的太平兴国寺建立奉先甘露戒坛，同时在全国普建了 72 所戒坛。此后，一直到南宋，其间除了徽宗特别崇信道教，并在道教徒的鼓动下刻意贬低佛教以外，其他皇帝都是以佛教保护者的面貌出现的。

在两宋时期比较宽松的氛围里，佛教建筑的兴建，其规模和数量虽不及佛教发展鼎盛时期的隋、唐，但也是相当可观。各种新建或增修的寺、塔遍布全国。据记载，北宋时的寺院数量最多曾达到过四万多所，蔚为大观。下面让我们分别从佛寺、佛塔、经幢、石窟等几个方面来了解当时佛教建筑艺术的概貌。

一、北宋佛寺

北宋最著名的佛寺要数东京旧城内的大相国寺了。此寺创建于北齐天保年间，称建国寺，后废。唐中宗时，僧惠云将其恢复。到了北宋，此寺已成为当时规模最为宏大的一座佛寺。太宗曾御书赐额曰“大相国寺”。从位置上看，相国寺在市区中心，位于大内前州桥的东面，南临汴河大街，东面和北面是繁华的街巷，有很多店铺、餐馆，还有妓院。寺内建筑很多，极盛时共有门、殿、阁、塔 60 多个院落。主要建筑如大三门、第二三门，皆是 5 间。大三门上建有楼阁，陈放铜铸罗汉 500 尊。相国寺大殿的布局，和大内主要宫殿颇有相似之处，左右两翼有廊庑，廊内墙壁上有宋代名画家笔下的佛教故事画；殿前有广庭、长廊，广庭内左为钟楼，右为经藏。大殿的后面有高大的楼阁资圣阁。此外，寺内还有仁济殿、宝奎殿、琉璃塔等重要建筑，以及数不清的僧舍散布周围，鳞次栉比。相国寺每月向社会开放 5 次，届时四方商贩云集寺中，进行交易。孟元老在《东京梦华录》中记载了当时的情形：大三门上尽是飞禽猫犬、珍禽异兽；第二三门尽是日用杂物；殿庭中搭起彩棚，临近佛殿处，包括殿前两廊，全被摊贩占满；殿后的资圣门前则

河南开封大相国寺

大相国寺，原名建国寺，北宋时期相国寺深得皇家尊崇，多次扩建，是京城最大的寺院和全国佛教活动中心。

大相国寺藏经楼

大相国寺为中国传统的轴称布局，主要建筑有大门、天王殿、大雄殿、八角琉璃殿、藏经楼等，由南至北沿轴线分布，大殿两旁东西阁楼和庑廊相对而立。

开封佑国寺铁塔

是书籍、古玩、图画、土物、香药之类。整个相国寺内熙熙攘攘，人头涌动，热闹非凡，真叫人难以想象这里本是佛门清净之地。

东京城内另一座著名的佛寺是开宝寺，在东京旧城旧封丘门外斜街子，前临官街，北镇五丈河，有数千间房屋，连数坊之地，极为雄伟壮丽。开宝寺的前身，原是唐代的封禅寺。宋太祖时予以增修，“重起缭廊朵殿，凡二百八十区”①。寺内有24院，以仁王院为最盛。开宝寺最令人叫绝的，是寺内曾建过的两座塔，一座是当时著名工匠喻浩所建的木塔，八角十三层，高109米，令人遗憾的是庆历四年（1044）毁于雷火；另一座则是木塔焚毁后，在其东面上方院内所建的琉璃塔，亦八角十三层，高109米，至今犹存，即开封祐国寺铁塔。

北宋许多著名佛寺都是由隋、唐、五代或更早的旧寺改建而成，如相国寺、开宝寺。此外，创建于后周世宗时，以世宗初度之日天清节命名的天清寺，创建于五代的宝相寺等，也都如此。

---

①《汴京遗迹志》。

据文献记载，当时仅在汴京一地，著名的佛寺除相国寺、开宝寺、天清寺外，还有很多，如景德寺，在东京新城新宋门里街以北，上清宫的后面；还有显宁寺、婆台寺、兜率寺、踊佛寺、十方静因院、报恩寺等。然而经过多年的战乱和自然灾害，这些寺院现已全部荡然无存了。

现存北宋佛寺中保存最为完整的，当首推河北正定隆兴寺。此寺创建于隋开皇六年（586），当时叫龙藏寺，有隋代所立的龙藏寺为证，但寺内隋代建筑早已踪迹全无了。北宋初期予以重修，称为龙兴寺，在寺北建大悲阁，铸四十二臂铜观音像藏于阁内，从而成为当时北方地区的名刹。以后，元、明、清各代都曾在不同程度上予以修葺，清康熙四十八年（1709）维修时，康熙皇帝还御书匾额“隆兴寺”。经过历代变迁后，寺内的宋代遗构仅剩摩尼殿、转轮藏殿、慈氏阁和山门 4 处。不过，此寺的总平面仍然完整地保留了宋代风格。

隆兴寺占地 6 万平方米，呈南北狭长的长方形。全寺的主要建筑

隆兴寺

河北正定隆兴寺摩尼殿

均沿中轴线排列。寺的最南端是照壁、石桥、山门。山门内东西两侧，分别有钟楼、鼓楼，正面是大觉六师殿，建于清代，现已毁，仅剩遗址。六师殿后面是摩尼殿和东西配殿。摩尼殿后，是围廊环绕的戒坛和附于戒坛后端的韦驮殿，建于清代，都已不存。韦驮殿后，在中轴线的两侧，对称建有转轮藏殿和慈氏阁，一西一东，相对峙立。再后为佛香阁和东西碑亭。佛香阁的左右与之并列还建有御书楼和集庆楼，如同宋代宫殿常见的大殿左右设朵殿的制度。最后是弥陀殿，在轴线末端。除了轴线上的建筑外，寺内还有关帝庙、方丈室、马厩等，位于佛香阁东面，均建于清代。整座寺虽然轴线很长，共有6重院落，却通过空间变换和建筑体量的变化，达到层次分明、条理井然的艺术效果。

摩尼殿建于北宋皇祐四年（1052），是寺内现存宋代木构中最为重要，同时也是保存得最完整的一座。此殿坐落在高约1.2米的砖砌台基上，平面呈方形，面阔7间，进深6间。其中，侧面次间小于其他各间的尺寸，非常罕见。平面柱网形式为金厢斗底槽外加副阶周匝，即平面有内、外两圈柱网，叫内槽、外槽，檐柱外有回廊环绕。内槽为佛坛，外槽是人活动的空间。平面的四周沿外檐柱为厚重的外墙，没有窗洞，所以殿内光线很少。在殿内的檐墙和佛坛侧墙上还都绘有壁画。摩尼殿的屋顶为重檐歇山顶，殿的四面正中各出抱厦一间，也是歇山顶，山花向前。整座建筑屋顶纵横交错，显得既华丽又不失雄浑，极有气势。类似这种屋顶组合，在宋画中经常可以见到，而在现存宋代建筑中，却绝无仅有，只此一例，可谓珍贵至极。

转轮藏阁位于摩尼殿的右后方，是一座二层的楼阁建筑，也建于宋代。其平面方形，每面3间，底层前面有雨搭。在殿内底层中央，设有一个八角形平面的转轮藏，即可以转动的藏经橱，中央是立轴，乃是旋转的中轴，造型为一重檐木构建筑，下檐八角形，上檐圆形，各种建筑

河北正定隆兴寺转轮藏阁

△ 转轮藏阁位于大悲阁右侧，坐西面东，平面和外观与慈氏阁相同。创建于北宋，为单据歇山顶二层楼阁。建筑手法保留着突出的宋代特点。

隆兴寺转轮藏

构件制作得惟妙惟肖，与真实建筑一般无二。在转轮藏的后面，有楼梯可以上到二层。二层平面方形，没有雨搭，中央置佛像，四周有平座。屋顶为重檐歇山顶。

由于转轮藏的设置，占据了平面中央较大的空间，所以此殿底层内柱的位置也做了调整，将柱间距加宽，从而使内槽呈现为六角形的平面。梁架结构也相应权衡改变，比如由下檐斗拱伸出曲梁，与承重梁衔接，以躲避殿转轮藏的圆形屋顶。纵观此殿，在上、下层之间没有结构暗层的情况下，既满足了对殿阁内部空间的较高要求，又将结构体系处理得有条不紊，精巧细腻，实在堪称木构佳作。这说明我国古代匠师在处理结构与空间艺术之间关系方面，已经有了很丰富的经验。

慈氏阁和转轮藏殿相对而立，外观基本与之相同，也是方形平面，三开间，重檐歇山顶的二层楼阁建筑。殿内供奉弥勒佛像，贯通上下二层。为了保证佛像前空间的畅通，底层平面大胆地取消了前列的两根柱子，上层相应的立柱就立在檐柱与后内柱之间的大梁上，由平盘斗承托，手法非常简单明了。

佛香阁又称大悲阁，高 33 米，三层，是寺内最为高大的建筑，但大部分是近代重修。佛香阁在全寺的布局中，以其巨大的体量和高度，

隆兴寺千手千眼观音铜像

大悲阁内矗立着一尊高大的铜铸大菩萨，称大悲菩萨，是中国保存最好、最高的铜铸观音菩萨像。像奉宋太祖赵匡胤敕令而造，周身有42臂，又称千手千眼观音。各臂分持日月、净瓶、宝塔、金刚、宝剑等。

成为高潮所在。阁内有四十二臂的千手千眼观音铜像，高达24米，衣纹流畅，比例匀称，造型优美，宋太祖开宝四年（971）建阁时铸造，是我国现存最大的一尊古代铜像。

隆兴寺大体上能反映出北宋佛寺的一些特点，即严格地保持中轴对称；在山门内设钟楼、鼓楼，然后轴线上依此布置天王殿、大雄宝殿及其东西配殿、藏经楼等，律宗的寺庙往往还设有戒坛；此外，由于宋代密宗流行，需要千手千眼观音的形象和高大的佛像，所以寺中常建有高大的楼阁，从而使得寺院布局的重心后移，变成以高大的楼阁为中心，而不是大雄宝殿为中心。

现存较为著名的北宋佛寺单体建筑，还有河南登封的嵩山少林寺初祖庵大殿。此殿建于徽宗宣和七年（1125），平面为方形，每面3间，单檐歇山屋顶。殿内外所有的柱子都是八角形石柱，殿内后两根内柱向后移动以安佛座。从外观上看，大殿檐柱有明显升起，即宋《营造法式》中生起的做法，因而使檐口呈现一条平缓的曲线，整座建筑看起来也显得比较柔和。

二、南宋佛寺

南宋时期随着禅宗的一度兴盛，佛教建筑再次步入了一个辉煌发展的时期。这一点在杭州表现得尤其突出，据记载，当时杭州的道教宫观尚不及佛教寺院的十分之一。这当然不是说道教在南宋时衰落下来了，而是在两者都很普及的情况下，佛教之盛又更进了一步。从南宋钱塘人吴自牧的《梦粱录》卷十五“城内外寺院”一节中，我们可以了解到杭州周围佛寺的盛况。根据他的统计，“城内寺院，如自七宝山开宝仁王寺以下，大小寺院五十有七。倚郭尼寺，自妙净福全慈光地藏寺以下，三十有一。又两赤县大小梵宫，自景德灵隐禅寺、三天竺、演福上下、圆觉、净慈、光孝、报恩禅寺以下，寺院凡三百八十有五。更七县寺院，自余杭区径山能仁禅寺以下，一百八十有五。都城内外庵舍，自保宁庵之次，共一十有三。诸录官下僧庵，及白衣社会道场奉佛，不可胜记。”整个杭州内外，共有671座佛寺，南宋佛教之盛也因此可以想见。

在南宋的寺院中，禅宗寺院占有很重要的地位。当时著名的禅寺有“五山十刹”之称。南宋嘉定年间（1208—1224），宁宗尊表五山为诸刹纲领，品定江南禅寺等级，便有了禅宗“五山十刹”的称谓。禅宗“五山”，是指杭州径山兴圣万寿寺（径山寺）、杭州北山景德灵隐寺（云林寺）、杭州南山净慈报恩光孝寺（净慈寺）、宁波天童景德寺（天童寺）、宁波育王山广利寺（育王寺）这5座寺院。“十刹”是指杭州中天竺山天宁万寿永祚寺（法净寺）、浙江吴兴道场山护圣万寿寺、南京蒋山太平兴国寺（灵谷寺）、苏州万寿山报恩光孝寺（万寿寺）、浙江奉化雪窦山资圣寺（雪窦寺）、浙江永嘉江心山龙翔寺（江心寺）、福建闽侯雪峰

杭州灵隐寺

杭州净慈寺

山崇圣寺、浙江义乌云黄山宝林寺、苏州虎丘山云岩寺、浙江天台山国清教忠寺（国清寺）10座寺院。

“五山十刹”大都位于环境优美的山林地区，成为当地的风景名胜，具有极大的影响力。当时很多日本人就是出于对这些佛教名胜的向往，以及对分布其中的禅宗各派的仰慕，才不远万里来到中国，学习禅宗教义及禅寺的式样，并带回日本进行传播。比如日本禅宗始祖荣西，就在南宋孝宗乾道四年（1168）和光宗淳熙十四年（1187）两度入宋，访天台山、育王山和天童山。回日本后，他在京都建立建仁寺，在镰仓建寿福寺，大力弘扬禅宗，终成一代宗师。又如日本曹洞宗祖师道元，在天童山学习5年后，回国创立兴圣寺、永平寺。最为难能可贵的，是日本金泽大乘寺的僧人彻通义介。他在理宗开庆元年（1259）来到中国，遍访“五山十刹”，亲自绘制了诸寺建筑的式样。这些图样被带回日本后，成为兴建寺院的范本，并保存至今，明治四十四年（1911），还被指定为国宝。由于现在我国的“五山十刹”大多已改变了原来的规制，这些图样也可以使我们间接了解到当时禅寺的情况，因此足可见其珍贵。

至于南宋禅寺的布局，有“伽蓝七堂”的制度。不过，“七堂”究竟是指哪七座建筑，又是如何布置的，目前尚有争议。按说“伽蓝七堂”的说法传自日本，很有可能是日本人附会之言。因为禅宗的教义“不著语言，不立文字”，反对一切规制，所以未必就会制定出严格的寺院布局制度来。

三、宋代佛塔

佛塔是另一类非常重要的佛教建筑，在佛教刚刚传进中国时就随之而来，并始终在我国的佛教建筑中占据很高的地位。宋代正是处于我国古代佛塔发展过程中的鼎盛时期，当时各地佛塔建造之风很盛。从现存佛塔的情况来看，宋塔的数量也是非常多的。而且，我国现存古塔中最高、最大的塔都建于宋代，这说明当时人们在掌握和使用建塔材料、结构方面，都已达到了很高的水平。

宋代的佛塔和前代相比，有一些显著的特点。

首先，宋塔绝大多数都是砖石塔，木塔已较少采用。这是经过长期建塔实践以后的必然趋势。佛塔刚进入中国时，就与中国传统的多层木构架楼阁建筑相结合，产生了楼阁式的塔。最初的佛塔，几乎都是木塔。从南北朝至隋、唐，是木塔的鼎盛时期。北魏熙平四年（516）灵太后在洛阳建造的永宁寺木塔，更是达到了辉煌的顶点。然而，随着木塔越来越多，问题也逐渐暴露出来，那就是容易着火，不易保存。这也是为什么那时的木塔一座也没有保存下来的原因。人们在亲眼看见一座座巍峨大塔惨遭大火，轻而易举地便毁于一旦之余，痛定思痛，也开始尝试用不易燃烧的砖石来建塔。比较早的砖塔是建于北魏正光四年（523）的嵩岳寺塔。这座塔糅杂了中国、印度和西域佛塔的风格，其本意似在于模仿古印度的大塔。不过，就是这样的一座砖塔，竟然存在了1 400多年，不能不令人惊叹。隋、唐时，砖石塔的建造逐渐多起来。虽然此时在数量上，木塔仍然占绝对优势，但保存至今的隋、唐塔全都是砖石塔。宋代继承并发展了隋、唐砖石技术，使砖石塔的建造达到一个高峰期。宋代以后，木塔数量越来越少，到清代已几乎绝迹，而砖石塔则彻底取而代之。

宋塔的第二个特点是，塔的平面多为八角形。早期佛塔的平面，除嵩岳寺塔是十二边形外，大多为方形。一直到唐代，包括砖石塔在内，塔的平面仍以方形为主，偶有六角形、八角形平面。唐末至宋初，塔的平面逐渐演化为八角形。采用八角形平面，是我国古代工匠长期积累建塔经验的结果。中国自古以来就是一个地震较为频繁的国家，由于方形塔的90°角比较尖锐，在震动中受力集中，非常容易损坏；而钝角在受力时受力较为平均，相对坚固耐用一些，所以八角形平面的塔逐渐取代了方形平面的塔。

从宋塔的类型上看，楼阁式的砖石塔占绝大多数。这种塔一般造型优美，比较符合中国人的审美习惯；还可以登临凭栏眺望，所以非常流行。根据使用材料的不同，这种塔又可分为两种，一种用砖石与木材混合建造，另一种则全部由砖石建造。

砖石与木材混合建造的楼阁式塔是宋塔的主流，在江南地区尤为流行。这种塔一般塔身由砖石砌造，外檐部分为木构。由于木构外檐出

虎丘云岩寺塔

檐较深远，所以塔的外观也显得比较轻盈秀美，具有木塔的特点；同时，由砖石砌造的塔身也具有纯砖石塔比较坚固的特点。这样一来，塔身与外檐两者配合，相得益彰。在现存宋塔中，苏州虎丘云岩寺塔、上海龙华塔、广州六榕塔、苏州报恩寺塔、杭州六和塔等都属于这种类型。

苏州虎丘云岩寺塔，位于苏州阊门外虎丘山顶，所以又叫虎丘塔。此塔始建于五代后周显德六年（959），北宋建隆二年（961）建成，是宋塔中建成年代最早，且极具代表性的一座。塔的平面为八角形，从外到内分别由外壁、回廊、塔心壁和塔心室组成。外观七层，高47.5米。此塔本有木构塔檐，但由于多次遭受火灾，木构早已不存，只剩砖砌塔身，不知情的人往往以为建造时就是这样。砖砌的塔身极力模仿木构楼阁式建筑，在每层转角处都砌有圆倚柱；每个壁面以立柱划分为三间，中央一间辟壶门式样的门，左右隐起直棂窗；倚柱上端隐起阑额，上面有砖砌腰檐及檐下斗拱，腰檐之上又有平座及平座斗拱。所有构件无不是由砖砌作而成，而一式一样，都与宋《营造法式》相吻合，在模仿木构方面真可谓惟妙惟肖、精巧细致。从砖砌塔身的比例和轮廓来看，由下至上，塔身逐层向内收进，而各层高度并不随之降低，其中第六层反而比第五层高出20厘米，外轮廓呈微凸的曲线，显得非常挺拔有力。在塔身内部，回廊两侧转角处都有砖砌圆倚柱，其余在内、外壁内走道及塔心室里，也处处可见精心模仿木构之处。此外，由于砖砌塔身很难与木建筑同样加以彩饰，所以在塔内构件和壁面上，往往有石灰浅塑而成的各种花饰、图样，以红、白、黑三色刷饰，看起来朴素淡雅。

上海龙华塔，在上海龙华镇的龙华寺旁。相传龙华寺创建于三国时东吴赤乌年间（238—250），唐代曾重建。唐末寺毁后，五代时吴越王钱弘俶再次重建。现存的龙华塔建于北宋太平兴国二年（977），就是钱弘俶重建时的遗构。当时塔应位于寺院内，而如今龙华寺重建于清光绪年间，与塔分开建在两处，已非原貌。龙华塔是一座典型的宋代楼阁式

上海龙华塔

| 广州六榕塔 |

砖木塔，其形制常见于江南地区。此塔八角七层，高40.4米，砖砌塔身。每层有木构斗拱飞檐，出挑深远，轻盈活泼，并有平座栏杆，亦是木构，可凭栏眺望。塔内每层有砖砌方室，铺木地板。上下层之间，方室平面依次旋转45°，立面上同一方向的门窗也因而隔层开设，上下交错，于统一中增加了变化，饶有趣味。

广州六榕塔，在广州六榕寺内。相传塔和寺始建于南朝梁武帝时，北宋绍圣二年（1097）重建，现存六榕塔即北宋遗构。苏东坡曾在塔建成后不久来此游览，见寺内有六株大榕树，便写下“六榕”二字，后人遂以“六榕”作为塔和寺的名称。此塔为砖木结构的楼阁式塔，八角九级，高57.6米；每级有腰檐、平座；每面中央有券门。腰檐短小微翘，覆绿色琉璃瓦，与白色塔身和塔身上褐色的仿木构划分相映成趣，远远望去，有如层层花蕊，故此塔又称花塔。在塔的内部，八级以下每级都有一个暗层，实际上全塔共有十七层。

苏州报恩寺塔，在苏州旧城北部，又称北寺塔。相传报恩寺始建于三国时东吴赤乌年间。现存的塔实际上为南宋绍兴年间（1131—1162）所建。此塔八角九级，高达76米，是江南地区砖木结构塔中最高大的一座。平面从外到内有外廊、外壁、内廊、塔心壁和塔心室。内、外壁由砖砌而成，形成双套筒的承重结构，均是宋代原貌。在塔身内部，处处有砖砌的柱额、斗拱、藻井等建筑式样，模仿木构件，比例、做法非常逼真。塔身外面有木构外廊、塔檐，与底层的副阶都是清光绪年间重修时所加，已非原貌。整座塔高大挺拔，翼角如飞，逐层微有收分，比

苏州报恩寺塔

例和谐优美，不愧有江南第一名塔之称。

杭州六和塔坐落在杭州钱塘江畔的月轮峰上，最初建于北宋初期，为九级塔。当时吴越王钱弘俶建塔的目的是为了镇压钱塘江潮。北宋末年，塔毁于兵火。南宋绍兴二十五年（1153）重建，至隆兴元年（1163）方建成，为七级。我们现在见到的六和塔八角十三层，高59.89米，已非宋代原貌。其木构部分是清光绪二十六年（1906）修缮时所加，而七级砖砌塔身则仍是南宋原物，故十三层中“七明六暗”，只有原来的七层可以登临。在塔的内部，每层中心有塔心室，周围是走廊。砖砌内、外塔壁上，砌成木构件如柱、斗拱等的形状。塔壁下还有须弥座，雕刻有动物、花卉及其他一些图案，精美细腻，栩栩如生，艺术价值很高，是研究宋代建筑雕刻艺术的宝贵实物材料。

从上面几则实例中我们可以看到，砖木结构的楼阁式塔也存在一些其自身无法克服的缺陷。比如说，木构外檐仍然很容易失火、脱落，不便保存。事实上，此类塔的绝大多数都经过多次重修或更换外檐，早已不是原貌。但是，这种塔之所以能够产生和发展，主要就是为了满足人们的观赏需要。它比较美观，和中国传统木建筑的外观相似，符

杭州六和塔

杭州灵隐寺石塔

合中国人的审美，所以才能在产生后相当长的时间里一直具有旺盛的生命力。

完全由砖或石建造的楼阁式塔，在坚实和耐久性方面，都要超过砖木混合结构的塔。而且，在高度上也可以达到令人吃惊的水平，比如河北定州市开元寺料敌塔，高 84 米，是我国现存最高的古塔，就是完全由砖石建造的。从对于木构楼阁式塔的模仿程度来看，这种塔又可分为两类，一类在外形上极力模仿木构楼阁式塔；另一类只是简单地模仿，写其意而已。

第一类的塔从用意上来说，与砖木混合结构的塔是一样的，无论从整体上还是从细部上，都尽力去表现木构楼阁式塔的造型，亦步亦趋，惟妙惟肖。属于这一类的塔主要有杭州灵隐寺双石塔、杭州闸口白塔、福建泉州开元寺双石塔和苏州罗汉院双塔。

杭州灵隐寺双石塔，立在灵隐寺大雄宝殿前，左右各一，乃吴越王钱弘俶重修灵隐寺时所建，时间大约为北宋建隆元年（960）。双石塔虽然高度仅 10 米多，内部实心，无法登临，几可看作石雕的建筑模型，但模仿木构楼阁式塔却极为忠实。两塔均八角九层，塔身四正面雕刻有券门，门钉铺首，历历在目；四侧面雕有佛像，形态饱满，生动逼真；每层转角处雕有圆柱，上施阑额，柱额之上腰檐、平座、斗拱等无不具备，且雕刻精美，比例准确。这两座塔充分反映了五代至宋初石雕工匠的精湛技艺，是不可多得的石雕艺术佳作。

杭州闸口白塔，在今杭州闸口车站铁轨间，与灵隐寺双石塔大约建于同时，规模、形制也基本相同。

福建泉州开元寺双石塔，可谓此类塔的代表作。双石塔位于泉州开元寺紫云大殿前东西两侧，相距约 200 米。东塔叫作镇国塔，高 48 米，始建于唐咸通六年（865），原为木塔，南宋熙宁二年（1238）改建为石塔，淳祐十年（1250）完工；西塔叫仁寿塔，高 44 米，始建于五代后梁贞明二年（916），原也是木塔，南宋绍定元年（1228）改建为石塔，嘉熙元年（1237）完成。东西两塔均八角五层，形制基本相同，只在塔的须弥座图案上略有区别。塔身每面 3 间，中间为门或窗，同层相隔而设，上下层之间则位置互换。在门窗两边，有浮雕佛像。塔身每层转角处雕有圆柱，上施阑额，有斗拱承托塔檐。每层外面有外廊，护以石栏，可绕塔一周。福建地区产石材，故多石塔。而这两座塔全部由石块砌成，在我国古代石塔中最为高大。两塔外观雄壮有力，粗犷豪迈，细部构件则精雕细刻，耐人寻味，其规模之宏大，制作之精湛，令人叹为观止。

苏州罗汉院双塔，是北宋太平兴国七年（982）吴县（今苏州吴中区与相城区）王文罕兄弟所建，在苏州旧城定慧寺巷内。双塔位于罗汉院大殿前，东西相向，距离很近，而大殿今已不存。两塔一名舍利塔，一名功德舍利塔，形制基本相同，都是完全由砖建造的楼阁式塔，八角七层，高 30 米左右。塔内是空筒式结构，有木梯贯通上下。塔内的砖室，除第五层是八角形外，其余各层均为正方形，上下层之间呈 45° 角重叠。塔身外面各层的券门和砖砌直棂窗，也相应逐层交错。由于这种做法避免了上下层门洞开在同一条垂线上，因而可以有效地防止塔身发生裂缝。江南地区的很多宋塔也都采取了这种结构处理方式。在塔的外部，柱枋、塔檐、平座、斗拱均为砖砌而成，模仿木构形式，保存得非常完好，虽经历代修缮，基本仍是宋代原貌。塔顶有高大的铁刹，高度几乎占了全塔高度的三分之一，使双塔看起来格外秀丽挺拔。

第二类完全由砖石建造的塔，在外观上虽然大体仍是中国传统木构楼阁式塔的样子，但并不追求细节上的模仿，而是将木构楼阁式塔的特征加以简化，甚至只是写其意而已。开封天清寺繁塔与河北定县开元寺塔都属于这一类。

开封天清寺繁塔，在开封的东南部，因塔建于繁台山上而得名。此塔建于北宋开宝年间（968—976），当初修建时本是九层，元代已毁坏近半。明初朱元璋为铲除小明王韩林儿在开封的王气，将剩下的七层又铲去四层，只留三层。现存塔身六角三层，高近 32 米，底边长 14 米多，呈平台状。平台上还有七层实心小塔一座，是清代重修时加上去的，可谓塔上有塔，样子非常奇特，是国内孤例。塔身由砖砌成，内外墙面几乎全部用 33 厘米见方的灰砖镶饰，其中也夹杂一些琉璃面砖。每一块砖上，都是一个圆形小佛龛，置趺坐的佛像一尊，姿态各异，形象逼真。据统计，塔身上下这种佛像共有 6936 尊。在现存三层塔身上，原有五层短小的塔檐，檐下砖砌斗拱尚存，式样非常简单。从整个繁塔的外观来看，虽然现状比较肥矮粗拙，而且塔身表面朴素无华，但从下至上，各层有明显收分，有塔檐、平座、斗拱等，依稀可见木构楼阁式塔的意味。

河北定州市开元寺塔，位于定州市南门内，建于北宋真宗咸平四年（1001），仁宗至和二年（1055）方建成，历时 55 年之久，工程量非常浩大。因当时定州市与辽国接近，乃边境重镇定川城，所以此塔在作为佛塔的同时，也可用于瞭望监视敌情，俗称料敌塔。此塔八角十一层，全部由砖砌成，高达 84 米，是我国现存古塔中最高的。在塔身的外壁，四个正面中央各有一圆券门，四侧面正中则隐砌假窗。外壁以内，依次为内廊和塔心柱。此塔内廊的构造颇耐人寻味，其顶部为砖制天花，由自外壁和塔心柱挑出的斗拱承托；四至七层内廊顶部的天花又改为木质天花板；八层以上则既无斗拱也无天花，采取的是砖砌拱顶的形式。如此上下不统一的结构处理方法，使得外壁与塔心柱之间联系很差。清光绪十年（1884），塔的东北外壁全部崩塌，就暴露出这方面的结构缺陷。

从外观来看，此塔模仿木构楼阁式塔甚为简略，只在首层有塔檐、平座，以上各层只有塔檐而没有平座；而塔檐系以砖层层叠涩而成，出檐很短，外貌朴实无华。不过尽管如此，此塔各层之间比例大体上仍与木构楼阁式塔相仿；且自下而上收分，外轮廓呈柔和的曲线，配合高大的塔身，显得格外秀丽挺拔。

在宋代的楼阁式塔中，除了上述的砖木混合建造的塔，以及全部由砖石建造的塔以外，还有一些特殊材料建造的塔，如琉璃塔、铁塔等。其中比较有代表性的，有开封祐国寺塔、湖北当阳玉泉寺铁塔和江苏镇江甘露寺铁塔等。

开封祐国寺塔，在开封城内，建于北宋皇祐元年（1049）。因塔身表面镶砌褐色的琉璃面砖，望之如铁，所以又称作铁塔。这也是我国现存古塔中年代最早、规模最大的琉璃塔。此塔的前身开宝寺塔，又名灵感塔，本是一座八角十三层的木塔，高约120米，是北宋端拱年间杰出的工匠喻浩所建，建成时曾名噪京城。然而开宝寺塔仅存在了55年，就在庆历四年（1044）毁于雷火。5年后，即皇祐元年，仁宗皇帝下诏重建此塔。重建时，位置由开宝寺福胜院移到上方院，建塔材料也由木头改为砖和琉璃，但形式不变，依旧八角十三层，高约120米，名称仍为灵感塔。明代重修寺院时，寺名改为祐国寺，塔也随之改名为祐国寺塔。

我们今天所见的祐国寺塔，就是皇祐年间重建的琉璃塔。不过，与文献记载不符的是，现存的塔高度只有54.66米，加之淤入地下的塔座，最多也不过60米，实际比当年的木塔矮了一半。祐国寺塔是一座仿木楼阁的塔，塔身底层每边长仅4.15米，至十三层，层层收分，看起来细瘦挺拔。各层在东、西、南、北四面设圭形门洞；转角有圆柱；每层都有斗拱、塔檐、平座、额枋等仿木建筑构件。令人称奇的是，如此烦琐复杂的构造形式，居然全由28种不同型号的褐色琉璃砖拼装组合而成。这说明古代中国预制装配的建筑技术达到了很成熟的地步。琉璃面砖表面的花饰图案内容非常丰富，有飞天、佛像、麒麟、龙、狮子、花卉、伎乐等50多种，姿态生动，釉彩华丽。这些琉璃砖绝大部分是宋代原物，是研究宋代砖雕艺术珍贵资料。此塔内部结构处理也非常出色。

塔身中央是塔心柱，周围有螺旋楼梯，围绕塔心柱盘旋而上，直到塔顶。这实际上相当于在实砌的砖砌塔身中间，挖空出来楼梯的空间。这样一来，塔的外壁和塔心柱的联系就非常紧密，全塔的整体性也因而大大地提高了。可以说，祐国寺塔就是凭借这种坚固的结构，才能躲过多次地震灾害，屹立千年。这种处理方式带来的空间效果也非常别致。人在登塔时，感觉就好像在一个大的田螺壳里面爬升一样；而每至一层，都有一面真窗，可以凭窗眺望，其他三面窗则俱是假窗；再上一层，真窗的位置就变换 90° 方向，景色也因而各异，实在是奇妙有趣。

湖北当阳玉泉寺铁塔，位于当阳玉泉寺门前，北宋嘉祐六年（1061）建造。此塔由生铁分层铸造而成，八角十三层，高约 18 米，重达 53.3 吨，是宋代铁塔中保存最好的一座。塔的外观为楼阁式，秀丽挺拔，飞檐凌空。塔身下面是双层须弥座，铸金刚力士。塔身每层有柱枋、斗拱、门窗、塔檐、平座等，均仿造木楼阁式样铸成，精美细腻。此外，塔身上还层层铸有许多佛像。

甘露寺铁塔

江苏镇江甘露寺铁塔，位于镇江北固山上的甘露寺内，北宋熙宁二年

（1069）至元丰元年（1078）建造。此塔原有九层，后经明、清及中华人民共和国成立后历次重修，只余四层。其中，塔座和第一、二层是宋代原物，第三、四层是明代补建上去的。塔身下面有八角形须弥座，铸如意、水纹、卷浪图案。塔身八角，四面辟门，仿木构楼阁式塔建造，柱枋、斗拱、塔檐、平座等制作精细。其间还铸有佛像、飞天若干尊，于古朴中又不失玲珑，反映了宋代铸造技术和雕刻艺术的高超水平。

除了楼阁式塔以外，在宋代还有其他一些类型的塔，如单檐塔、密檐塔、阿育王塔、多宝塔等，式样都与楼阁式塔迥然不同。

单檐塔也叫单层塔，是印度窣堵坡与中国亭式建筑相结合的产物，多以僧人墓塔的形式出现，有的也在其中供佛像。其数量在唐代尚有很多，到宋代渐为造型复杂的多层小型砖石塔所取代，数量已不是太多。这种塔一般仿楼阁式塔建造，没有太多的创造性，也没有太大的影响力。

密檐塔在隋、唐时期比较流行，如河南登封法王寺塔、云南大理崇圣寺千寻塔、西安荐福寺小雁塔等，都是当时著名的大塔。其特点是平

大理千寻塔

面一般为正方形；底层特别高，以上用砖叠涩出檐，密檐十三层或十五层；檐部层层收分，愈至顶端收分愈急，外轮廓呈柔和秀丽的抛物线形，从而使塔显得比较挺拔流畅。

到了宋代，随着楼阁式砖塔越来越多，密檐塔在中原地区逐渐销声匿迹了。这其中的原因很简单，密檐塔往往只能从外面观看，不能登临眺望；或者即使可以登临，由于塔身各层很短，门窗很小，而且没有平座栏杆，所以观览时效果也很差。而楼阁式砖塔既比较美观，也可登上围绕塔身的回廊，凭栏眺望，和密檐塔相比具有明显的优势。这样楼阁式砖塔自然要取代密檐塔了。

不过尽管如此，在宋代的个别地方，由于地方偏僻、交通不便或者其他原因，仍然建造隋、唐时那种密檐塔。这方面的例子主要集中在四川，如四川宜宾旧洲坝的白塔和四川金堂的金堂塔。

宜宾白塔建于北宋崇宁元年至大观三年（1102—1109）之间，为方形平面的砖塔。底层塔身很高，以上叠涩出檐，密檐十三层，具有典型的隋、唐风格。金堂塔建于南宋宝祐年间（1253—1258），形制与宜宾白塔相同。外观略有不同的是，金堂塔在第一层檐下每面施斗拱七朵，以上各层每面都划分成三间，每间开券门。

在四川，类似宜宾白塔和金堂塔这样建于宋代的塔还有不少，这说明当时四川一带还保留了较多的隋、唐遗风。由于有这种影响，宋以后，元、明、清各代在四川所建的塔中，仍不时有方形密檐塔的出现。

阿育王塔形制非常特殊，起源于古代印度。公元前 3 世纪，印度摩揭陀国孔雀王朝的国王阿育王皈依佛教后，曾在各地建塔 8.4 万座，统称阿育王塔。据说其中有 19 座建在中国境内，不过这一说法并没有实例可以证实。

我国古代建造阿育王塔开始于三国时期，当时金陵的建初寺建有阿育王塔。南北朝开凿的云冈石窟和响堂山石窟内，也可以找到浮雕的阿育王塔形象。隋代的济南神通寺四门塔上，塔刹部分其实就是一座阿育王塔。五代十国时吴越国曾大事兴建阿育王塔，据记载，吴越王钱弘俶仿效阿育王建塔故事，也建造了 8.4 万座塔，遍藏国内名山，有的甚至送到国外。现在已经发现了其中不少，如苏州虎丘塔内曾发现过一座：浙江婺港金华万佛塔的地宫内也发现过15座，上面都铸有“吴越王俶敬造宝塔”字样。到了宋代，东南地区延续了原来的风气，也建造了一些阿育王塔。

阿育王所建8.4万座塔的式样目前尚不清楚。在中国建造的阿育王塔，从形制来看，当是以古代印度窣堵坡为原型，同时受到犍陀罗艺术的很大影响而形成。一般地说，这种塔实心，不能登临：平面为方形，塔下有方形基座，塔身每面有佛龛、佛像；塔顶是由塔身扩大而成的平台，四角为山花蕉叶，叶尖向外倾斜；平台中央为覆钵，上施刹杆，安装相轮。早期阿育王塔的特点是覆钵较大，如北响堂山石窟第一窟北齐时雕刻的佛塔，覆钵几乎覆盖了整个平台。这说明此时在外来形式的影响下，窣堵坡的形象还占有很重要地位。钱弘俶所建的阿育王塔则自成体系，体积很小，高度只有大约20厘米，可谓袖珍型的小塔。其覆钵部分已缩小到和相轮差不多大小。宋代建造的阿育王塔体积较大，一般都独立建造，立在大殿前，成为寺院的一部分。典型的例子是福建泉州开元寺的阿育王塔。

开元寺阿育王塔

开元寺的阿育王塔立在大殿前，下有石砌台基。塔的下部是两层方形基座，第一层式样简单，没有雕饰；第二层基座下为琴腿式，束腰处每面雕刻出四个佛龛，内置佛像。塔身每面有一个较大的券形佛龛，里面雕有佛教故事。

塔的顶部是由塔身扩大而成的平台，四角为山花蕉叶，略微向外倾斜，平台中央安装相轮。此塔是宋代原物，是我国现存最早独立建造的阿育王塔。

多宝塔，意思是供奉多宝如来全身舍利的塔，其形象与印度的窣堵坡非常接近。这种塔一般在基座上砌圆形塔身，意图显然是模仿窣堵坡覆钵的形象。塔身上覆盖中国传统建筑屋顶式样的塔顶，上面竖立塔刹。宋代的实例有福建泉州开元寺大殿前的多宝塔。此塔全部由石头建成，下有基座，基座上面是几层莲瓣；塔身圆球形，划分成四瓣，正面雕刻壶门，内置佛祖头像；塔顶平面为八角形，翼角翘起，使檐口呈一弧线；塔顶上安装塔刹、相轮。多宝塔形象非常优美奇特，与常见的楼阁式塔有很大区别。

四、经幢

经幢，是一种比较特殊的佛教建筑，实际上相当于镌刻着佛经的小型佛塔。经幢是在唐代随着印度密教传入中国而产生的，当时外观比较简洁，一般是在八角形石柱上刻陀罗尼经，立在大殿前。中唐以后，净土宗也建造经幢，立在殿前，经幢的数量逐渐多起来，开始逐步采用多层的形式，有须弥座、仰莲承幢身，上有宝盖、垂缨、屋盖、山花、蕉叶，雕饰也渐趋复杂。五代到北宋时期，经幢的发展达到最高峰。当时建幢之风很盛，所建大多较唐代更加华丽、精美，更趋高瘦挺拔。其中，河北赵县的陀罗尼经幢，是现存经幢中体形最高大、形象最华丽的杰作。

赵县陀罗尼经幢，位于赵县城关，建于北宋景祐五年（1038）。此幢平面八角形，高 15 米，全部由石头建成。自下至上分为基座、幢身、宝顶三部分。基座共有三层，底层是边长 6 米的正方形扁平须弥座，其上建八角形须弥座两层。这三层须弥座在束腰处，雕有束莲柱、力神、伎乐等，精细生动。最上层须弥座还做成回廊建筑的形式。幢身也可分为三层，最下一层包括宝山、刻有经文的一段八角形幢柱和璎珞垂帐；第二层与第一层类似，最下为狮头象首和仰莲，往上是一段幢柱和垂缨宝盖；第三层自下而上是仰莲、幢柱和八角形城阙。宝顶部分自下而上依次是带有佛龛的建筑、蟠龙、仰莲、覆钵、宝珠等，最顶端以火焰结束。不过宝顶经过近代重修，已非原物。

纵观整座经幢，从基座至幢身、宝顶，层层向内收进，高度也逐步递减，比例匀称、秀丽挺拔；幢身上，八角形幢柱形体细长，外观简洁，垂缨、莲瓣、宝盖层层出挑，雕饰华丽，造型复杂，与幢柱适成鲜明对比，富于节奏感，显得精美、细腻。可以说，赵县石幢无论在雕刻艺术上还是造型艺术上，都达到了很高的水平。

赵县陀罗尼经幢

五、石窟

石窟，指的是在山崖开凿洞窟，或者沿山崖雕造佛像。前者也叫石窟寺，后者通常称为摩崖造像。石窟的来源是古代印度的石窟寺，当时石窟寺有支提窟和毗诃罗两种类型。佛建传入中国以后，石窟这种建筑形式也随之传入中国。比较早的有新疆克孜尔石窟和甘肃敦煌莫高窟。以后，从南北朝到隋、唐，各地陆续开凿了许多石窟。最著名的有山西大同云冈石窟、河南洛阳龙门石窟和山西太原天龙山石窟。

到了宋代，石窟的开凿渐呈衰败之势，无论是数量、规模或是艺术水平，都不如南北朝和隋、唐时期。现存石窟中，保留宋代作品较多的，主要是敦煌莫高窟和四川大足宝顶山的摩崖造像。

莫高窟有 600 多个窟，其中 469 个都有壁画或塑像，北宋时开凿的占 96 个。其中，有几座石窟如 427、431、437、444 窟，建于宋初的木构窟檐尚存，且保存得比较完整。由于今天可以见到的北宋木构建筑还不是太多，所以这几座木构窟檐就显得非常珍贵了。大足宝顶山的摩崖造像，在大足北郊的大佛湾，是南宋淳熙年间僧人赵智风经营数十年建成的。其雕刻题材多样，富于世俗气息。除了这两处宋代洞窟数量较多，也比较集中的石窟外，比较著名的还有四川潼南县西大佛寺的造像，系北宋末年就唐代石刻佛首所做的全身像，高 30 米，护以七层楼阁。

从洞窟的形式来看，宋代的石窟大体仍然沿用了三种形式，即以塔为中心的塔院式、以佛像为中心的佛殿式和主要供僧人打坐修行用的僧院式三种。与前代开凿的石窟，没有什么显著不同。

第二节 宋代的道教建筑和祠庙建筑

>>>

道教，始于老子《道德经》，到东汉时成为正式的宗教，是中国本地土生土长的宗教。到了唐代，道教地位有所提高。而北宋的皇帝也多对道教持肯定的态度，其中又以真宗和徽宗尤为崇信道教，几近痴迷的程度。这样一来，道教的地位有了空前的提高。由于得到统治者的大力提倡，道教建筑的兴建，无论是数量还是规模，在两宋时期也都相当可观，并常有惊世骇俗之举。

一、北宋的道教宫观

北宋宫观中兴建最早的，是太祖赵匡胤在建隆改元之初兴修的建隆观，在汴京阊阖门外西门，本为后周世宗所建的太清观。太祖即位以后，将其改名为建隆观，重修殿宇廊庑，总计有 149 区。后又取杭州昊天上帝的铜像置于观中。大中祥符元年，唐代诗人贺知章的七代孙住持此观时，还加修了昊天上帝殿。

太宗即位以后，在四年内基本结束了五代十国的分裂局面，宫观兴建之规模也随之浩大起来。太平兴国年间（976—984），于汴京城东南的苏村建东太一宫，历经 8 年方才建成，共有 1 100 区，列 10 座大殿，正殿祀所谓天之贵神五福太一。之后，端拱元年（988），太宗下诏在新宋门内街北建上清宫，至道元年（995）落成，历时 8 年。太宗御书宫额，以金填其字赐之。据《玉海》记载，上清宫中有房屋 1242 区，超过了东太一宫的规模。然而，不到 50 年，此宫就在庆历三年（1043）毁于大火，以后又予以重修，至元祐六年（1091）方完成，历时 13 年。

真宗尤溺于符谶之说，他在位期间，道教宫观的兴建达到了高潮。其规模之大，建筑之奢侈华丽，在整个两宋时期无与伦比。

大中祥符元年（1008）正月，真宗与王钦若等伪造“天书”降于承天门，之后东封泰山，大兴宫观，玉清昭应宫便是为了安置“天书”修建的。此道宫位于南熏门外宫路西，东西 310 步，南北 143 步，建于大中祥符元年。本来预计要 15 年才能完成，修宫使丁谓下令夜以继日地赶筑，结果竟在 7 年内建成。宫中建筑 2610 区，远远超过了上清宫的规模，制度宏丽无比。内有殿门名称 50 多所，东西山院“皆累石为山，引流水为池”。东有昆玉亭、澄虚阁、昭德殿；西有瑶峰亭、涵晖阁、昭信殿。玉皇殿为主殿，前有日月楼。又有诸天殿及安放二十八宿的 28 座殿。宫垣外有从金水河引来的水渠环绕，又分出支渠流贯宫中。

玉清昭应宫的修建，其工程之浩大、奢华，非常惊人。据记载，工程刚刚开始修建时，由于地基土质不好，多黑土疏恶，所以就从京师东北取好土来替换，换土的深度从 1 米到 10 米分六等，仅土方量就可以想见其巨大①。工程修建中，修宫使丁谓为了尽快建成，向真宗邀功，每天都要役使三四万人，而且劳动强度很高。工程所耗费的材料也极为

① 《容斋三笔》。

惊人。所用木材都是从各地搜穷山谷运来的珍贵木材。沈括在《梦溪笔谈》中写道，温州雁荡山天下奇秀，但前世人都没有见到过，只是因造玉清宫，伐山取材，深入山中，其境界才显露在外。其余的建材也都是从各地选取的最好材料，如郑、淄的青石，莱州的白石，吴越的奇石，贵州的丹砂，河南的赭土，兖、泽的墨，归、歙的漆，莱芜、兴国的铁等。为了追求工程的完美，施工中更是不计代价。如果发现殿宇稍有不合程式要求的地方，哪怕已装饰得金碧辉煌了，也一定要拆毁重建。掌管工程的人谁也不敢计较到底要浪费多少金钱。玉清昭应宫建好以后，宋人评价说，其宏大壮丽简直无法形容，远远望去，但见碧瓦凌空，耸耀京城；每当晨曦升起，翠彩照射，则无法正视。甚至就连拿施工剩余的材料所建的景灵宫、五岳观，“亦足冠古今之壮丽”①。真是无法想象玉清宫该是何等宏伟壮丽。

玉清昭应宫的修建，可以说竭尽了天下的财力、物力，劳民伤财。而这一切，只是为了满足真宗好大喜功的虚荣心和粉饰太平的愿望。不过好景不长，仁宗天圣七年（1029）六月的某天，在一场大雷雨中，宫内起火，至第二天一早，宫室几乎全被烧尽，仅存长生、崇寿两座小殿。后来，朝廷认为这场灾变是天怒的结果，于是下诏不再修缮此宫，只将剩下的两座小殿改为万寿观。

除了玉清昭应宫这座空前绝后的道宫以外，真宗一朝还兴建了多处道教宫观。大中祥符元年（1008），因泰山醴泉涌出，真宗下诏在其地建醴泉观。后又在汴京东水门内建了一座醴泉观。大中祥符五年（1012），在南熏门外东北、普济水门西北建会灵观，即五岳观，内设延真献殿、祝禧斋殿、崇元殿、五岳圣帝5殿等，供奉灵宝天尊和五岳圣帝、十山真君。同年，真宗以圣祖降临为名，在城内端礼街之东西建景灵宫，奉太祖以下御容。天禧二年（1018），在繁台东南真武祠旁建祥源观，因其地有泉涌出，人有疾者饮之则愈，且不干涸，故名。观中有殿庑、神厨、钟楼、经楼、斋堂、道院廨舍共613区。正殿曰灵真，奉

① 《宋稗类钞》。

真武像。又有圣藻殿、灵渊殿、广圣殿、开祥斋殿、灵禧阁等殿阁。此外，大中祥符二年（1009）十月，真宗下诏以正月三日为天庆节，命天下所有州、府、监、关、县都建天庆观一座，以奉圣祖赵玄朗，从而将兴建道教建筑之风迅速推广，遍及全国。

仁宗即位以后，意识到过分推崇道教会带来严重问题和后果，便下决心予以遏制。乾兴元年（1022）真宗病死，仁宗为肃清“天书”的影响，下令将“天书”与所有异端之物从葬真宗。同时，禁止京师创建寺观，废去各种宫观使臣，以减少无端开支。大兴道教宫观之风此时方有所收敛。据记载，仁宗一朝只建有很少几座道宫，如西太一宫，天圣六年（1028）建于汴京西南之八角镇；寿星观，建于嘉祐中。

仁宗死后，英宗、神宗、哲宗三朝时，北宋内部的统治已危机四伏，对外则与西夏频繁发生战争；对内朝野始终面临新旧的激烈斗争，故无暇大举兴建道教建筑。据记载，只在神宗熙宁初就五岳观建成的中太一宫。

徽宗是继真宗之后又一位极为崇信道教的皇帝。他宠信道士，任其出入宫廷，又四处寻访仙经，还自称教主道君皇帝。宣和元年，竟下诏更寺院为宫观，改佛号大觉金仙，其余为仙人大士，僧为德士，其举动之荒唐更甚于真宗。在徽宗的全力支持下，北宋道教建筑的兴建再次进入了一个高峰时期。

崇宁四年（1105），徽宗下诏在中太一宫南面建九成宫，以安奉崇宁元年方士魏汉津所铸之九鼎。宫内中央是帝鼎，用黄土墁地，周围各以方位所对应的颜色祭之。大观三年（1109），下诏在铸鼎之地建宝成宫，总共有建筑70区。政和三年（1113），又在汴京宫城内福宁殿东，徽宗诞生之地建玉清和阳宫，政和七年改名为玉清神宵宫。政和三年十一月，徽宗出南熏门祭天时，见玉津园东隐隐约约有重重楼殿台阁，似空中仙境，以为天神降落，遂下诏建迎真宫于玉津园东。政和五年（1115），徽宗听道士林灵素之言，在景龙门东，与晨晖门相对建上清宝箓宫，并与禁庭秘密相连。宫内有山包围中间空地，周围佳木清流环绕：各种馆舍台阁多以优质木材架构而成，不施五彩装饰，有自然之美；至于上下亭宇则不可胜计。政和七年（1117），徽宗命林灵素在此讲道经，汇集道士上千人，其规模之大可想而知。此外，政和六年（1116），徽宗为玉皇大帝上尊号，还下诏天下洞天福地修建宫观，塑造圣像，从而再次将兴建道教宫观之风推及全国。

二、南宋的道教宫观

南宋朝廷偏安于杭州以后，杭州成了政治和文化的中心，同时，也成了南宋道教活动的中心。然而此时的杭州，佛教更盛，城内外道教宫观的数量尚不及佛教寺院的十分之一；加之统治者并不特别倡导老庄之说，道教顿失往日风光。只是由于历史上的原因，南宋的道教尚能与皇室保持一种还算亲密的关系，也就因此多少有了一点优越感，这倒是佛教所不能企及的。

南宋时期的道教建筑主要集中在杭州，及周围余杭区等7县一带。其数量虽不及佛教建筑，但据记载，仅有名可查的，就有近百座之多，也相当可观。

杭州城内的宫观，最出名的是以太乙宫、万寿观为首的御前十宫观。所谓御前十宫观，多是由皇帝即位前所居旧府改建而成，有内侍掌管，设立官司及守卫兵士；凡宫中事务，如出纳钱粮、修整殿宇及赏赐银帛等，都由朝廷核发供给；道士均享受丰厚的待遇。这些都是其他宫观所不能享有的特权。这10座宫观是万寿观、东太乙宫、西太乙宫、佑圣观、显应观、四圣延祥观、三茆宁寿观、开元宫、龙翔宫和宗阳宫。

万寿观，在新庄桥西，建于绍兴十七年（1147）。有太霄殿奉昊天，宝庆殿奉圣祖，长生殿奉长生帝，还有纯福殿、会圣宫、章武殿等。景定年间（1260—1264），理宗将道院斋阁加以改造，以奉皇太后。

东太乙宫，在新庄桥南，亦建于绍兴年间，共有174区。殿门曰崇真，大殿曰云休，挟殿曰琼章、宝室，还有元命殿、三清殿、廖阳斋殿、火德殿等。宫内两庑绘三皇五帝、日月星宿、岳渎九宫贵神等，俱遵循北宋时太一宫之旧制。建成后，孝宗、理宗、度宗各朝均增建有若干殿宇。

西太乙宫，在西湖孤山，建于理宗淳祐年间（1241—1252）。当时，划延祥观之地为此宫，以凉堂为正殿，曰黄庭之殿；殿门曰景福之门，安奉太乙十神像。宫内东有延祥殿，以备临幸。凡宫中祀典事仪均按东太乙宫旧例遵行。宫中有陈朝古桧树，当时已有750年树龄。

佑圣观，在端礼坊西，原为孝宗旧邸，光宗淳熙年间改为道宫，奉真武像。观内有佑圣殿、琼章宝藏殿、后殿等。

显应观，在丰城门外，聚景园之北，处于西湖东面，四面有水绕观。观额乃徽宗所赐。观内有显应殿，殿名由高宗所书写。

四圣延祥观，在孤山，旧名四圣堂。绍兴年间，慈宁殿出资将孤山古刹改建为道观，安奉“北极四圣”，观额沿用东京延祥观旧名。观内有北极四圣殿、会贞门、三清殿、法堂、清宁阁、藏殿、瀛屿堂等。

三茆宁寿观，在七宝山，原名三茆堂，后沿用东部三茆宁寿观之旧名，御赐观额改为宁寿观。内有太元殿，奉三茆真君；又有三神御殿。此观曾被赐以三件宝物，即宋鼎、唐钟和褚遂良书小字《阴符经》，均是稀世珍宝。观外有一座东山，山上建有元命殿。又有宾日亭，可俯看日出。

开元宫，在太和坊内秘书省的后面，原为宁宗旧邸，因过去东都曾有开元阳德观，奉火德真君，所以宁宗嘉泰年间改作开元宫，一切仪式制度都参照佑圣观。宫中有宁宗的神御殿、北辰殿、衍庆殿、顺福殿、神佑殿等。

龙翔宫，在后市街，原为理宗旧邸，后下诏改为道宫，赐名龙翔宫，奉感生帝。此宫规模很大，殿堂众多。大门匾曰龙翔之宫，中门曰昭符之门，门内是正阳殿，后面是醮殿；宫内东部有福庆殿，用以款待皇帝车驾临幸，后改神御殿；西部是南真馆一组建筑，有大门曰南真之馆，中门曰启晨门，后面是三清殿、后殿等。此外，宫中又有顺福殿、寿元殿、景纬殿、钟楼、经楼等，还有羽士之室曰澄虚；内侍之舍曰泉石；高士三斋曰履和、颐正、全真等。

宗阳宫，在二圣庙桥东，乃是就德寿宫占地的一半建成，前后左右都是王府。宫中建筑很多，正殿曰无极妙道之殿，奉三清。此外还有顺福殿、虚皇殿、毓瑞殿、申佑殿、通真殿、玉籁楼、景纬殿、寿元殿、栾简楼等殿阁多座，一切规制祀典，都视同龙翔宫。宗阳宫的后部有园圃，建有志敬堂、清风堂。圃内种植四时奇花异木、修竹松桧，非常茂盛。

除御前十宫观外，杭州城内的宫观还有数十座之多。其中有真宗时奉旨建立的天庆观，奉圣祖天尊，当时官僚朔望到任均来此朝谒。还有报恩观、元贞观、旌忠观、玉清宫等。此外，在城中及外郭还有女冠宫观 9 处，如福田、新兴、明贞、神仙、承元西经、灵耀、长清等宫观。

余杭等 7 县宫观中，以余杭洞宵宫最为出名。洞宵宫以下又有 23 座宫观。另外，杭州内外还有道堂 20 余处，如西湖崇真道院、灵应希真道堂等，都是舍俗的三清道友及外地名山洞府云水高人往来之地。

现存的两宋道教建筑很少，其中最著名的是建于南宋孝宗淳熙六年（1179）的苏州玄庙观三清殿。此殿坐落在石砌台基之上，殿前有月台；面阔 9 间，进深 12 椽，重檐歇山屋顶；平面柱网为满堂柱式，外檐及内屏墙中央四柱为八角形石柱，其余为圆形木柱。尤为珍贵的是，此殿斗拱中有上昂式样，非常罕见，在现存木构建筑中尚为孤例。

三、祠庙建筑

宋代有祭祀天地、日月、社稷、宗庙、岳镇、祖宗、先贤等的祭祀建筑，但绝大部分都已不存。记载中大多只是礼仪、方位等方面的规定。晋祠圣母殿是其中保存最好的祠庙建筑。

晋祠，位于山西太原西南部的悬瓮山下。原来建祠的目的是祭祀春秋时晋国的始祖叔虞，故称晋祠。圣母殿是祠中年代最早的建筑，建于北宋仁宗天圣年间（1023—1032）。此殿面阔 5 间，进深 4 间，四周围以围廊，即“副阶周匝”，使外观为面阔 7 间，进深 6 间。平面中，四根前檐柱被取消，从而使前部空间得以加大。殿内的柱子，除前金柱外全部取消，空间非常流畅贯通。这种结构和空间处理手法非常大胆，在我国古代建筑中尚属少见。此外，前廊柱的柱身上有木雕盘龙，很有特色，是我国现存木雕柱身盘龙的最早实例。殿内有 43 尊塑像，41 尊塑于宋代，其中 33 尊侍女塑像衣裾飘逸，姿态秀丽生动，是宋塑中的精品。

晋祠圣母殿

圣母殿前有方形鱼沼，沼中立 34 根小型八角形石柱，上面置斗拱、梁枋，支撑十字形板桥，状如飞鸟展翅，所以叫作飞梁。飞梁形制古朴，偶能见于宋画之中，当与圣母殿同时修建，为宋代原物。

此外，还有建于北宋真宗景德三年（1006）的山西万荣县汾阴后土祠，虽毁于明末水灾，但现存之金熙宗天会十五年（1137）所刻图碑绘有祠内建筑的总平面，极为真实可靠，可据以推测此庙原貌。后土祠依中轴线对称布局，前有棂星门。门内经四重门殿便是正殿坤柔殿，面阔 9 间，重檐庑殿顶，下有台基，台基正面左右置双阶。此殿以廊屋与后面的寝殿相连，形成宋、金重要建筑中常见的“工”字形平面，即工字殿，两侧又以斜廊与周围之回廊相连，从而成为文献记载中当时宫殿建筑平面布局方式的生动例证。

第三节
辽、金、西夏的宗教建筑

>>>

一、情况概述

辽国建立以前，契丹人主要信奉萨满教。史书上记载了契丹人的这种原始信仰，“契丹好鬼而贵日，每月朔旦，东向而拜。其大会聚，视国事，皆以东向为尊，四楼门屋皆东向”①。

五代至宋初，随着契丹国力的强盛，契丹人四处用兵，势力遍及整个中国的北部，一些原来信奉佛教的民族和地区纷纷并入辽的疆域。这时，契丹社会开始发生变化，萨满教逐渐失去了主导地位，佛教以其强大的生命力，并借助辽代统治者的扶持，迅速在辽国的范围内流传。

最初，契丹统治者只是利用佛教安抚人心，维护统治。唐天复二年（902）七月，阿保机南下伐河东、代北等郡，俘获大量汉人和牲畜。九月，在上京临潢府东南150千米处建龙化州，安置汉人。为照顾汉人的宗教信仰，在城中建开教寺。这也是契丹境内最早建立的一座佛寺。由于战争的推行，俘获渐多，统治者对佛教的态度开始变得比较友好，佛寺也渐渐多起来。如公元909年，契丹军队击败刘守光，阿保机命建碑龙化州大广寺，以纪功德。公元912年，阿保机俘获僧人崇文等50人，将他们安置于西楼，即上京，建天雄寺，以示天助雄武。阿保机称帝以后，神册三年（918），又曾下诏建佛寺。天赞四年（925），阿保机“幸安国寺，饭僧，赦京师囚，纵五坊鹰鹘”。这时建立的佛寺还有弘福寺，阿保机曾赐观音画像。

随着辽国的进一步扩张，佛教在辽国境内得以广泛流传。天显元年（926），耶律阿保机攻灭了秉承盛唐佛教的渤海国，以其地建东丹国，

① 《五代史·四夷附录》。

将这个佛教极盛的小国并入版图，成为附属国。会同元年（938）七月，太宗得到后晋石敬瑭所献的燕云十六州之地，升幽州为辽南京，从而将一个佛教传播历史悠久的地区变成辽的政治和文化重地。这时，佛教在辽国自然而然地传播开来。

太祖对佛教所持的积极态度，影响到太宗、世宗、穆宗等辽前期的皇帝。他们也都信仰佛教，并做出一些礼佛的举动。如天显十年（935），太宗耶律德光“幸弘福寺饭僧”；会同五年（942），“幸菩萨堂，饭僧五万人”。穆宗耶律璟也于应历二年（952）“以生日饭僧，释囚”。这时兴建的佛寺较太祖时增加了不少，如兴王寺、奉国寺、金德寺、大悲寺、驸马寺、赵头陀寺等，都是辽初所建佛寺。

辽国中后期的圣宗、兴宗、道宗三朝，随着辽国进入全盛时期，佛教的发展进入了鼎盛时期。辽国皇帝大力扶持佛教，礼佛活动日益频繁，规模越来越大。如统和二年（984），圣宗“以景宗忌日，诏诸道京镇，遣官行香饭僧”；统和四年，以南征“杀敌多，诏上京开龙寺，建佛事一月，饭僧万人”；统和七年，“幸延寿寺饭僧”；统和十年，“幸五台山金河寺饭僧”；统和十二年，“以景宗石像成，幸延寿寺饭僧”。兴宗也沉溺于佛教，尤好降赦宽释死囚。如重熙二十三年（1054），便以开泰寺铸银佛像为名，“曲赦在京囚”。道宗更是由信佛而至佞佛，“一岁而饭僧三十六万,一日而祝发三千”，使辽国信仰佛教之风达到顶点。咸雍七年（1071），因“置佛骨于招仙浮屠，罢猎，禁屠杀”；咸雍八年，诏许春、泰、宁江三州 3 000 余人为僧尼，受具足戒；大康四年（1078），诸路奏“饭僧三十六万”。不难想象当时佛教之盛。

这时期佛教建筑也随之大举兴建起来，数量之多，规模之大，已非辽建立初期可以比拟。仅以上京附近所建佛寺为例，就有景宗承天后所建崇孝寺，以及贝圣尼寺、天雄寺、福先寺、开龙寺、弘法寺、开化寺、真寂寺、云门寺、宝积寺、开悟寺等。在原属汉族地区，佛教本来就流传很盛的河北、山西一带，佛寺更多。至今尚存殿宇的有，辽宁义县奉国寺、山西大同华严寺、天津市蓟州区独乐寺、天津市宝坻区广济寺、山西应县净土寺等。道宗时，不仅广兴佛寺，而且还任意尊崇佛寺，给予优厚待遇。如上方感化寺，被赐以良田百余顷；建于咸雍六年（1070）的静安寺，寺内僧众仅40余人，却占有土地3 000顷（200平方千米）。在这些寺院旁，往往还建有宏伟高大的佛塔、经幢。现在内蒙古、辽宁各地仍巍然屹立的辽塔就有数十座，都是当初那里佛教建筑兴盛的见证。

此外，辽代还继承了北方地区开凿石窟的传统，也修建了若干洞窟，如内蒙古赤峰灵峰院千佛洞、辽宁朝阳千佛洞、后昭庙千佛洞，山西大同云岗也有辽代石窟。

除了佛教外，道教随着辽、宋文化的密切交流也传入辽国，并有所流传。如太祖阿保机在神册三年（918）曾下诏建道观。圣宗则“道释二教，皆洞其旨”。不过与佛教相比之下，道教在辽境内势力甚微，今已无迹可寻。

金国的女真人与契丹人一样，早期都信奉萨满教。后来，高丽、渤海国和辽国境内流传的佛教逐渐传入女真族，一些女真贵族开始信佛。阿骨打建立金国后，随着侵略战争的推行，金国几乎全部据有了中国北方地区，那些原来盛行佛教的地区也被强行纳入了金的统治之下。这时，金国的统治者虽不乏笃信佛教者，但面对当时佛教盛行的社会现实，考虑到很多人出家为僧尼，到处花费巨资兴建佛寺，很有可能会对金国的统治不利，所以并不佞佛，甚至有意去遏制佛教的发展。例如大定十四年（1174）金世宗就亲谕宰臣：“闻愚民祈福，多建佛寺，虽已条禁，尚多犯者，宜审约束，无令徒费财用。”大定十八年（1178）又下诏，“禁民间无得创兴寺观”。不过，从现存金代建筑的情况来看，当时修建的佛寺、佛塔不在少数，而且遍布北方诸省，金国统治者对佛教的抑制，似乎并没有阻止兴建佛寺建筑的势头。

道教在金代有较大的发展，出现了全真、太一等新的教派。并且在金国统治者的特殊关照下，道教一度非常流行。拿全真教来说，世宗曾召见全真教领袖中的王处一、邱处机至中都；章宗也曾在承安二年（1197）召王处一，赐号体玄大师，并赐修真观一所；又召刘处云，命待诏长天观。全真教由于简便易行，加之有统治者的扶持，所以流传很广，以至于后来金朝担心其势力过大，会威胁金国的统治，不得不下令禁止，但为时已晚，全真教屡禁不绝，一直流传到元代。尽管如此，由于金以后历代的战乱兴废，这些道教建筑都已消失殆尽。

西夏国建立以前，党项族就已是一个古老原始的民族了。在多年的发展中，党项族与其他许多民族一样，都经历了信奉鬼神、巫术等原始宗教的阶段。西夏建立以后，随着与先进地区文化交流的增多，党项族的统治者接受了佛教，并予以大力倡导。元昊还在都城兴庆府东6.5千米修高台寺及佛塔多处，塔高数十丈，贮藏宋朝所置大藏经，并请回鹘僧人在这里翻译经文。在这之后，西夏的历代统治者都格外尊崇佛教，佛教也随之遍行于西夏，盛极一时。佛教建筑在这样一种全民信佛的氛围里也非常兴盛。据西夏重修护国寺感应碑记载，“近自畿甸，远及荒要，山林溪谷，村落坊聚，佛宇遗址……无不必葺”。当年西夏佛教建筑至今尚留遗迹的有，银川承天寺塔、贺兰拜寺口双塔、甘肃炳灵寺等。此外，敦煌莫高窟保存有西夏时开凿的洞窟17个和重修的洞窟96个，安西榆林窟也有西夏重修的洞窟11个，多为密宗洞窟。这些洞窟中留下许多珍贵的壁画、彩塑，是不可多得的西夏佛教艺术精品。

二、现存辽、金佛寺建筑

（一）蓟州区独乐寺观音阁及山门

蓟州区独乐寺，在天津市蓟州区城内，重建于辽圣宗统和二年（984）。寺内观音阁和山门都是辽代遗构。观音阁面阔5间，进深4间，外观两层，上下层之间有一暗层，实际高三层。阁内中央为坛，上有一尊十一面观音塑像，高16米，是国内现存最大的塑像，造型精美，与两侧的胁侍菩萨都是辽代原作。由于塑像高大，所以此阁层层围绕塑像而建，在阁内中央形成一贯通三层的空井。在塑像头顶上方，有藻井覆盖。此阁的结构处理非常出色，使用内外两槽构架和明栿、草栿两套屋架，将内外槽与屋架紧密联系起来；又通过上下层之间的暗层及暗层内的斜撑，大大地加强了结构的刚性，使这座建筑能够安全地经历多次地震的考验，完好无损。此阁屋顶为单檐歇山屋顶，坡度缓和，兼有唐代

独乐寺观音阁

建筑之雄壮与宋代建筑之柔和。

山门在观音阁的前面，坐落在简单低矮的台基上，面阔 3 间，进深 2 间，单檐庑殿顶。此殿屋顶低平，出檐深远，显得极为稳健；加之斗拱雄大，正脊两端之鸱吻向内翘转，遒劲有力，与敦煌壁画中描绘的唐代殿堂如出一辙，颇具唐代建筑之雄风。

独乐寺山门门牌

（二）义县奉国寺大殿

奉国寺大殿位于辽宁义县城内，建于辽圣宗开泰九年（1020）。此殿面阔 9 间，共计 48.2 米，进深 5 间，25.13 米，单檐庑殿顶，是现存辽代佛殿中最大的一座。大殿正面明间和次间开门，第二次间和梢间开窗；背面明间开门，除此以外全部是厚墙。内外檐有斗拱，所用材之断面相当于宋代用材制度的最高等级，即只用于 9 间或 11 间殿的一等材，足可见当时此殿地位之高。殿内斗拱和梁架上还保存有原来的彩画，如卷草、飞仙等，非常珍贵。

（三）宝坻广济寺三大士殿

广济寺三大士殿，在天津宝坻区内，建于辽圣宗太平五年（1024）。此殿面阔 5 间，进深 4 间，单檐庑殿顶。为扩大殿内前部空间，当心间的两根内柱退后半间，从而使结构产生有趣的变化，内柱得以升高，梁架结构的整体性也因而得以加强。殿内采用“彻上露明造”，梁架都处理成以斗拱承托，条理分明。

（四）大同华严下寺薄伽教藏殿

华严寺是辽代巨刹，在山西大同西南角，坐西朝东，与一般佛寺坐北朝南不同，反映出辽代以东向为尊的习尚。寺内现存建筑分成两组，分别是上寺和下寺。其中薄伽教藏殿和大雄宝殿为辽、金建筑，其余均为清代重修。

薄伽教藏殿，是华严寺的藏经殿，建于辽兴宗重熙七年（1038）。此殿面阔 5 间，进深 4 间，立于高 4 米的砖台之上，前有月台。殿身正面中央 3 间有隔扇门，其余全部为墙壁，只在背面正中一间辟小窗。屋顶为单檐歇山顶，举折平缓，出檐深远。殿内平棋藻井和内槽上的彩画，大部为辽代原作；还有辽塑佛、菩萨、金刚像 29 尊，姿态各异，生动逼真，塑造手法相当娴熟。此殿最为珍贵的是殿内沿墙排列的 38 间重楼式壁藏，即木经橱，其外观呈楼阁建筑的形式，分上下两层，有台基、腰檐、斗拱、勾栏、屋檐等，与真实建筑一般无二。其中，斗拱构造与实际斗拱完全相同，种类有 17 种，形式复杂，还包括目前所知最复杂的辽代斗拱。这组壁藏至后壁中央更做出天宫楼阁 5 间，两侧以圜桥与左右壁藏相连。综观整个壁藏，规模巨大，构思巧妙，制作异常

华严寺薄伽教藏殿

精美细腻，为国内罕见。

（五）大同善化寺大雄宝殿及普贤阁

善化寺在山西大同南面，是现存辽金佛寺中规模最大的一处。寺内现存建筑中，大雄宝殿和普贤阁建于辽代，三圣殿和山门建于金代。大雄宝殿是全寺规模最大的一座殿，位于寺内最后，面阔 7 间，进深 5 间，立于较高的台基上，前面有宽及 5 间的月台。大殿正面明间和梢间开门，其余均为墙壁，因此殿内很暗。屋顶为单檐庑殿顶，举折平缓，显得浑厚庄严。外檐斗拱有斜拱式样，形制复杂、华丽。

普贤阁在大雄宝殿前的西侧，平面方形，面阔、进深各 3 间。高两层，有腰檐、平座、栏杆，歇山屋顶，外观清秀，比例匀称。阁内有木楼梯可以上下。

（六）应县净土寺大雄宝殿

净土寺大雄宝殿，位于山西应县城内，建于金熙宗天会二年

（1124）。此殿面阔、进深均为3间，单檐歇山屋顶，殿内天花藻井极为精美，是精华所在。藻井共有9眼，又以当心间藻井最为精彩。其外层平面为方形，四周环绕平座栏杆，之上是天宫楼阁，有殿宇、挟屋、回廊等，制作精美，瓦陇、脊兽等小型构件也一一具备。藻井内层则套以二层斗八藻井，藻井平版上浮刻双龙戏珠图案，色彩鲜明华丽。这些小木雕作品与大殿同时建造，都是当时原物，制作技艺非常高超，与华严寺薄伽教藏殿的壁藏同是不可多得的小木雕精品。

（七）五台佛光寺文殊殿

佛光寺文殊殿，位于山西五台佛光寺山门内北侧，建于金熙宗天会十五年（1137）。面阔7间，进深4间，屋顶形式为悬山，在当时的建筑中非常少见。此殿的最大特点是，平面内大量减少使用内柱，全殿仅用了4根金柱。由于内柱的减少，梁架结构形式发生相应改变，不得不在内柱上搁置横跨3间，约13米的大内额一道，并附设由额一根。采用这种结构形式，主要为了使内部空间畅通无阻，便于礼佛，但实际上却丧失了结构的合理性，因此不能说是成功之作。

（八）大同善化寺三圣殿及山门

善化寺三圣殿和山门，都建于金天会六年至皇统三年间（1128—1143）。三圣殿位于大雄宝殿和山门之间，面阔5间，进深4间，殿内大量减柱，前部空间宽敞。屋顶为单檐庑殿顶，举高陡峻，在外形上与唐代建筑已有了很大不同，而与宋《营造法式》的规定比较吻合。外檐斗拱有斜拱式样，宏大华丽，有如繁花盛开。山门为善化寺正门，面阔5间，进深2间，也是单檐庑殿顶，正中为门道，外观非常浑厚古朴。

（九）大同华严上寺大雄宝殿

华严上寺大雄宝殿，建于金天眷三年（1140），面阔9间，共计53.75米；进深5间，29米；总面积为1 559平方米；单檐庑殿顶，是现存的我国古代单檐建筑中体型最大的一座。此殿下有很高的台基，前有宽敞的月台，形成“凸”字形平面。这是辽、金建筑常见的平面配置形式。殿前有建于辽代的八角形陀罗尼经幢。殿身正面，当心间及左右梢间设门，上为格子窗，下为带门钉之大门，饰以壶门式样的门

| 华严寺大雄宝殿 |

牙子，形制古朴。外檐补间铺作为山西一带辽、金建筑中常见的斜拱式样，富于变化。屋顶为筒板布瓦覆盖，黄绿色琉璃剪边。其筒瓦长 80 厘米，重约 27 公斤；而正脊两端的两个鸱吻则高达 4.5 米，令人惊叹。殿内有大佛 5 尊，为便于礼佛，也采用了减柱法，在中央减少了 12 根内柱。纵观整座大殿，形体巨大无比，却一气呵成，质朴豪迈，极有气势。

（十）朔州崇福寺弥陀殿

崇福寺，在朔州城内东大街。弥陀殿是崇福寺内最大的建筑，建于金皇统三年（1143）。此殿面阔 7 间，进深 4 间，单檐歇山顶。殿内减去前檐内柱，结构形式略似五台佛光寺文殊殿。屋顶有黄绿色琉璃脊兽，均为金代原物。前檐 5 间全用隔扇门和横批装修，隔扇线脚古朴，棂花图案多达 15 种，系精雕细刻而成，也都是金代原物，非常难能可贵。

朔州崇福寺弥陀殿

三、现存辽、金佛塔

（一）应县佛宫寺释迦塔

应县佛宫寺释迦塔，俗称应县木塔，辽清宁二年（1056）建造，是我国现存最早的一座木塔。塔的位置在山门内大殿之前的中轴线上，属于前塔后殿的格局。此塔建在方形及八角形共两层砖砌台基之上，平面八角形，外观为五层楼阁式，有六重塔檐，底层重檐，以上各层塔檐上有平座挑出，有栏杆可供人凭眺。由于在各层之间又有4个暗层，所以实际上共有9层。塔的底层直径30米，由基座至塔刹高67.31米，形体非常庞大。平面柱网形式采用内外两圈柱子，在底层，两圈柱子都包在厚重的土坯墙内，檐柱外面设有回廊。塔身全部为木构，逐层立柱，以梁、枋、斗拱、斜撑等搭建成一个完整的构架。在上、下层之间，每层的柱子都与下面暗层的柱子对齐，而较再下层的柱子向内收进半个柱径。所有的柱子又都向内倾斜一个很小的角度。从外观上看，塔的轮廓逐步向内收进，从而呈现出比较优美的曲线。在塔的最上层，檐部变为八角攒尖式顶，上立铁刹。塔的内部，5个明层的外槽为走廊，内槽置佛像，不过现在塑像多已损坏，只有第一层中心所置11米高的释迦牟尼像保存完好。在首层的墙壁还绘有金刚等壁画。此塔结构构件繁多，如全塔上下仅斗拱就有60余种，但这些构件组合得非常精密，有条不紊。4个结构暗层的存在也大大地加强了塔身的整体性。可以说这座塔的结构设计得非常成功，因而也能够在建成之后屹立了900多年，虽经多次地震及兵灾的劫难，至今依然完好无损。

北京天宁寺塔

（二）北京天宁寺塔

天宁寺塔位于北京广安门外，建于辽代，是我国现存密檐式塔的代表作。此塔平面八角形，砖砌而成，内部实心，密檐十三层，总高度为57.8米。整座塔建在一个方形的大平台上，上面有八角形须弥座两层，下层须弥座有束腰一道，每面分6间，雕有壶门形龛；上层须弥座则每面分5间，雕壶门形龛。其上为平座、仰莲，雕刻得精致细腻。仰莲以上是高大的塔身，四面为拱券假门，四面为砖砌直棂窗，门窗上边和两侧有浮雕金刚、力士、菩萨等。转角圆柱上还雕有飞龙。塔身上面是十三层密檐，檐下有砖砌斗拱，不露塔身。各层塔檐自下而上逐次向内收进，使塔的外轮廓呈现为柔和的曲线，看起来挺拔有力。

天宁寺塔具有辽、金时期盛行的密檐式塔的一般特征，即平面为八角形（只有少数为方形）；在台基上面建须弥座，上面雕饰华丽，有斗拱、平座，以莲瓣承塔身；塔身较高，雕刻门窗、神像等；塔身以上是密檐，檐下有砖砌斗拱。可以说，辽、金密檐式塔是在唐代密檐式塔的基础上发展起来的，同时又加以改造和创新，使之在保留原有风格的情况下变得更加华丽、优美。

（三）灵丘觉山寺塔

灵丘觉山寺塔，位于山西灵丘县西北 10 千米的觉山寺内，建于辽大安六年（1090）。此塔全部由砖砌成，下有方形及八角形两层基座，置须弥座两层，上面一层须弥座束腰处雕壶门、佛像、力士等。其上为斗拱、平座，平座栏板内饰以几何纹、莲花，精致细腻。平座之上是三层仰莲，承托塔身。塔身八角形平面，四个正面为门，其中东西二门为假门；四个侧面为假窗。塔身转角处砌出圆倚柱，上有砖砌额枋、斗拱，挑出第一层塔檐，以上二至十三层，层层有砖砌斗拱挑出密檐。最顶端是攒尖顶，置铁刹。塔的内部有八角形内室，中央是塔心柱，这一点与大多数辽塔不同。此塔密檐部分自下而上有明显收分，外轮廓刚健挺拔，造型优美，其艺术成就绝不亚于天宁寺塔，可谓辽、金密檐式塔的代表作。

（四）北镇崇兴寺双塔

崇兴寺双塔，位于辽宁北镇市东北角的崇兴寺内，两座塔形制完全一样，相距 43 米，东西并立。塔的建造年代虽已不可考，但根据风格及细部手法判断，应是建于辽代无疑。两座塔都是砖砌实心密檐塔，八角十三层檐。东塔高 43.85 米，西塔高 42.63 米，塔的下部为高大的须弥座，有砖砌斗拱，承托平座、栏杆。以上是仰莲座，托起高大的塔身。塔身各面均有券门，门内塑佛像，门两侧为胁侍，佛像、胁侍上面还有飞天、伞盖等。塔身八角有砖砌之圆形倚柱，阑额、普柏枋、转角铺作、补间铺作等无不具备，用以承托第一层塔檐。以上各层塔檐叠涩出檐，与第一层檐不同。两座塔收分都很明显，与天宁寺相比略显细瘦。

（五）呼和浩特万部华严经塔

万部华严经塔位于内蒙古呼和浩特以东的白塔村，因塔身为白色，所以当地居民都称之为白塔。此塔建于辽圣宗年间（983—1031），是一座八角七层、砖木混合的楼阁式塔，残高 43 米，经维修后高约 61 米。塔身下面为高大的塔基，上有三层莲座，托起塔身。塔身每层有腰檐、平座，壁面以倚柱划分为 3 间，四面设圆券门或假门，其余为直棂窗，窗中部有通风气眼。在第一、二两层壁面的门窗两旁，还塑有天王、力士、菩萨像，转角不用倚柱，而采用盘龙雕塑，造型生动别致。塔的内部有砖砌阶梯可以登临。整座塔自下而上几乎没有收分，壁面垂直而下，外观非常庄严，但略有赘重之嫌。

（六）巴林右旗庆州白塔

庆州白塔位于内蒙古巴林右旗辽庆州故城的西北角，建于辽兴宗重熙十八年（1049），八角七层，是一座仿木构的楼阁式砖塔，塔高 54 米。塔内原有阶梯可以登临，后因第一层改建为经堂，阶梯被拆除而无法登塔。此塔从外观上看，为典型的楼阁式塔，塔身上处处可见模仿木构楼阁之处，如柱、枋、腰檐、平座、斗拱、门窗等，均为砖砌而成。此外塔之表面还雕有天王、力士、飞天、菩萨等形象。

（七）洛阳白马寺齐云塔

白马寺齐云塔位于洛阳东郊白马寺内，建于金世宗大定十五年（1175）。此塔平面方形，密檐十三层，立于八角形台基之上。塔身下面有高大的须弥座，塔身表面非常朴素，仅砌出普柏枋与简单的一斗三升斗拱。各层塔檐均为叠涩出檐，下有砖砌牙子。塔内的结构是空筒式。此塔没有采用辽金时常见的八角形密檐塔式样，塔身也没有华丽的雕饰和塑像，而是较多地保留了唐代方形密檐塔的风格，显得非常古朴。

（八）正定广惠寺华塔

广惠寺华塔位于河北正定县城内，建于金大定年间，其形制非常特殊，为国内的佛塔中之孤例。此塔完全为砖砌造，由一主塔与四个子塔组成，总高 40.5 米。主塔平面八角形，三层，四正面辟门，侧面有窗，

白马寺齐云塔

各层壁面有砖砌的柱额、斗拱、腰檐、平座等木构件形象；子塔附于主塔底层的四角，平面为六角形，塔身表面也模仿木构形象。此塔的奇特之处在于，主塔三层以上是一高大的砖砌圆锥体，上面密密麻麻地排列各种雕像，如虎、豹、狮、象、龙、佛像等，烦琐复杂。因有这样一些塔饰，远望如同花束，所以当地人也称之为花塔。

第六章

陵 寝

6

第一节 北宋皇陵

北宋在其存在的160多年的时间里，先后有过9个皇帝。除了徽宗和钦宗因被金兵掳走，而另葬别处以外，其他7个皇帝的陵寝都在河南巩义市，即太祖赵匡胤的永昌陵、太宗赵光义的永熙陵、真宗赵恒的永定陵、仁宗赵

祯的永昭陵、英宗赵曙的永厚陵、神宗赵顼的永裕陵和哲宗赵煦的永泰陵，再加上赵匡胤乾德元年（963）时改葬其父宣祖赵弘殷所在的永安陵，一共是七帝八陵。这些陵墓就分布在巩义市境内以芝田镇为中心，南北大约 10 千米，东西大约 6 千米的广阔范围内，形成一个规模很大的陵区。陵区内还有 20 多位皇后的陵墓和百余位皇亲、功臣的陪葬墓。真宗时，宋朝还将当地的永安镇升为永安县，专门来管理陵区。

北宋对于皇帝陵寝位置的选择是经过精心考虑的。陵区南面是嵩山、少室山，东面是青龙山，北则有黄河、洛河，陵区范围内虽有岗阜但不算太高，整个陵区呈现一种面朝嵩山、少室山，背负黄河、洛河的大形势。另外赵匡胤当初选择这里还有一个原因，那就是他准备迁都洛阳，而巩义市离洛阳很近，只有三四十千米。

在陵区内，七帝八陵分布成四组，永安、永昌、永熙三陵在东南角的西村一带；永昭、永厚二陵在东北方向的巩义市城附近；永泰、永裕二陵在西南方向的八陵村附近；永定陵在蔡庄一带。

各陵的制度基本相同，尺寸也相差不多。一般说来，每座陵都包括上宫、地宫和下宫三个部分。

上宫，是地面上的主要部分，由平面为正方形的神墙围绕，一般每边长度在 230 米左右。神墙四角设有角楼，四面正中各辟神门一座，门

北宋八陵

外各有石狮一对。神墙范围内的中央是陵台，是一座三重的方截锥体形式的夯土台，其底边长度一般均在 50 米左右，高度为十几米，其下是地宫。南神门以内，在陵台前，设有一座献殿，专供举行隆重的祭祀大典使用。殿上正中，有面向南的神御座，座前陈设香案及供奉之物。

在上宫的南神门外，有长约 300 米、石像生夹峙的入口引导部分。其最南端是鹊台，即双阙，夯土筑成，以砖包砌，上面建有木构阙楼，今已不存。两阙一左一右，相对而立，形成入口。鹊台往北，经过一段空地以后是乳台，也是双阙，夯土筑成，四周砌砖，上有阙楼。乳台的北面有石雕望柱一对。从乳台的位置开始，向北正对上宫的南神门，有一条宽阔笔直的神道。神道两侧，从望柱往北，是成对排列的石像生。石像生从北到南依次是：象及驯象童各一对，瑞禽一对，角端一对，仗马及控马官四对，虎两对，羊两对，外国使臣三对，武将两对，文官两对，再向北到南神门前，依次有石狮一对，武士一对。在南神门内的两侧，还有宫人一对。石像生的布置方式，是象征立朝的班列仪仗，其间还糅杂了一些祥瑞和祛邪的象征物。

宋陵的石像生现在尚存数百件，精美细腻，栩栩如生，其中尤以永裕陵的狮子、永定陵的大象和永熙陵的石羊为上乘之作。这些作品继承了唐代陵墓石刻的优良传统，同时又有宋代独特的艺术风格，堪称我国古代雕刻艺术的瑰宝。

地宫，也称皇堂，是安放皇帝棺椁的地方，在陵台下面的地下深处。据记载，永安陵的地宫在地下 57 尺的深处，用 27 377 块条石砌成；永熙陵地宫则深 30.9 米，宽 24.2 米，所用条石就更多了。据说有人曾由盗洞进入过永熙陵的地宫，说地宫距地表 30 米左右，还看到地宫的建筑规模甚是宏大，地宫顶部绘有天象图，四壁亦有彩画云云，但不知真伪，尚有待将来的考古发现去证实。

下宫，也称寝宫，建造在上宫的北面偏西处，是日常供奉皇帝灵魂饮食起居的地方。下宫内有正殿，设置柩车、御座；影殿，安放皇帝的御容，即遗像；斋殿，旁边有守陵宫人的住处。此外还有浣濯院、南厨和陵使、副使的官署。一般举行上陵礼时，在上宫举行完隆重的仪式以后，皇帝还要去下宫谒拜先帝遗容。

北宋陵石像生

在各陵上宫的北面偏西处，还有陪葬的皇后陵寝。一般后陵的位置都在下宫的前面，只有永熙陵例外，其后陵在下宫的后面。后陵的制度和帝陵基本相同，神墙、神门、陵台、献殿、神道、石像生，样样具备，只是规模逊于帝陵。另外，后陵的陵台是两重方截锥体，在等级上较帝陵低下，尺寸也仅是帝陵陵台的一半。不过，北宋时皇后能够有资格单独起陵，说明当时后妃在政治舞台上的地位还是相当高的。

在整个巩义市宋陵的陵区内，每一座陵的上宫、下宫连同其附属的后陵，都各占一定的范围，叫作兆域。兆域以荆棘为篱，其范围内遍植柏树，陵台上也种满了柏树。各陵之间柏林相连，非常肃穆庄严。各陵还都有柏子户，专门负责培育树苗，养护柏林。如今，这些柏林已经不存在了。

宋代的陵寝制度，是在继承了唐代陵寝制度的基础上发展起来的。它们的体系和内容基本上一脉相承，如神墙、神门、献殿、下宫，以及石像生等的设置，宋代都借鉴了唐代的制度。但是宋代的陵寝制度和唐代相比仍有所不同。

第一，宋代各帝陵之间，相距都不太远，集中在一个大的陵区内；

而唐代各帝陵往往由于因山为坟，而相距甚远。事实上，宋陵这种将各陵集中的做法，便于形成整体的威严气势，因而被后来的南宋和明、清所继承。

第二，宋代各帝陵的规模远小于唐代。以宋陵中的永昭陵为例，鹊台到北神门的轴线长551米，神墙边长242米，其规模只相当于唐代乾陵陪葬墓中的永泰公主墓。造成这个现象的主要原因就是营建时间太短。宋代的皇帝生前都不建造寿陵，而死后7个月内就必须安葬，将神主送入太庙内供奉。这样一来，建造陵寝的时间最多也就是7个月，工期显然是非常紧张的。

第三，宋陵的陵台都是尺寸相同的人工夯土台，而唐代帝陵多以山体为陵。

总的来说，宋代的陵寝已经发展到了非常成熟的阶段。各陵的形制、尺寸以及石像生的数目等都基本一致，而唐代诸陵在这些方面还相差很大。可以说，宋陵比以前各代的陵寝都要成熟规范。

北宋灭亡以后，巩义市诸陵都遭到了金人的破坏，被盗挖一空。甚至哲宗的永泰陵在被开挖后，连尸骨都被抛弃在外。元取代金后，陵区内所有的地面建筑都被蒙古统治者下令破坏，“尽犁为墟”。只剩下几百件石雕和一些碑刻，历经风吹雨打，至今犹存。

第二节
南宋皇陵

>>>

南宋自赵构称帝到最后为元朝灭亡，共有过9个皇帝。前6个皇帝都葬于会稽，即浙江绍兴。后3个皇帝中，恭帝被元军掳走，后剃发为僧，住在甘州白塔寺；端宗葬于广东崖山；末帝赵昺被大臣背负投海身亡，后人在深圳赤湾为其修建了衣冠冢。

在绍兴的6座南宋皇陵，位于绍兴东南15千米余的宝山下，人称攒宫，意思是攒集梓宫。其中有高宗赵构的永思陵，孝宗赵昚的永阜陵，光宗赵惇的永崇陵，宁宗赵扩的永茂陵，理宗赵昀的永穆陵和度宗赵禥的永绍陵。六陵中，永思、永阜、永茂三陵东西并列，永崇陵在南，永穆、永绍二陵在北，6座陵大体上呈十字形排列。

南宋皇陵的制度基本上沿用了北宋陵制，同时也发生了一些变化。但是和北宋相比，总体来说是非常简陋的，而且在规模上也远不如北宋皇陵。这主要是由于北宋陵园都在陷落的中原地区，而南宋诸帝为了表示日后将要收复失地，归葬祖宗陵园，因而只在绍兴浅埋，暂时寄厝在那里所致。

南宋的皇陵主要包括上宫和下宫两部分。以建造于孝宗淳熙十四年

南宋六陵

（1187）的高宗永思陵为例，上宫，以一座面阔为3间的献殿为主体，献殿下有砖砌台基，设勾栏、踏道，殿前有面阔为3间的殿门，内设火窑子。献殿的周围，是周长为63丈5尺的红灰墙，即神墙，墙外又以竹篱围绕，设有篱门。在上宫内，与北宋陵制显著不同的是，献殿的后面不再起高大的陵台，而是在献殿后面附建龟头屋3间。地宫（皇堂）就设在龟头屋下面，以石条封闭。这就是文献上所说的“实居浅土，蔽以上宫”。此外，上宫前也不再像北宋陵制那样陈列石像生，这也说明南宋皇陵采取的是一种权宜的办法。

下宫，包括前殿、后殿、殿门、回廊，外面有围墙一重，墙外也以竹篱围绕。和北宋陵制上、下宫分开设置，下宫位于上宫西北方不同的是，南宋皇陵的下宫被摆放在上宫的前面，和上宫串联在一条轴线上，从而形成下宫—献殿—龟头屋的格局。

南宋王朝灭亡后不久，南宋的皇陵就遭到了大规模的破坏。元世祖至元二十二年（1285），西僧杨琏真伽等人在宰相桑哥的支持下，蜂拥而来，遍掘诸陵，将各陵随葬的珍宝、物品洗劫一空之后，又将尸骨弃于荒野。之后，经过多年的人为破坏和自然侵害，如今的南宋皇陵地面建筑已踪迹全无，只留下几座明代的碑石和重修的享殿。

第三节
辽代皇陵

>>>

辽代自公元916年耶律阿保机称帝，建立契丹国，到1125年为金所灭，共历时210年，先后有过9个皇帝。这9个皇帝死后，没有集中葬于某一处，而是分别葬在今天内蒙古和辽宁境内的5个地方，形成5

个陵区。这5个陵区是：太祖耶律阿保机的祖陵，在内蒙古巴林左旗境内；太宗耶律德光的怀陵，在内蒙古巴林右旗境内，太宗的儿子穆宗耶律璟也附葬于怀陵；世宗耶律阮的显陵，在辽宁北镇医巫闾山；庆陵以及圣宗耶律隆绪的永庆陵、兴宗耶律宗真的永兴陵和道宗耶律洪基的永福陵，也在内蒙古巴林右旗；景宗耶律贤的乾陵，在辽宁北镇西南，天祚帝耶律延禧附葬于此。

5个陵区在当时都因陵而建有奉陵邑守卫皇陵，如祖陵的陵邑是祖州城，显陵的陵邑是显州城，庆陵的陵邑是庆州城，怀陵的陵邑是怀州城，乾陵的陵邑是乾州城。5陵邑中，祖州城、怀州城和庆州城迄今城址尚存。此外，各陵还都有守陵户，如圣宗的永庆陵，据文献记载有“蕃汉守陵三千户”。

各帝陵都依山而建，这是它们的共同特点，也反映出辽代受唐代帝陵因山起陵的影响。陵墓的周围群山环抱，山林茂盛，流水潺潺，环境非常优美宁静。陵前都有享殿和其他的一些建筑，但具体制度不详。各陵都有地宫，安放帝王的石棺。

祖陵，因太祖葬此而得名，在辽祖州城遗址西北2千米处的山中。山谷长十几千米，谷内林木茂密，幽深宁静。陵门设在两峰之间，门上曾建有门楼建筑。门两旁土筑横墙，遗址尚存。进入陵门，沿山谷间通道北行2～3千米，有太祖天皇帝庙遗址，从遗迹可知此殿当年是琉璃瓦屋顶。再深入谷内，在西北山坡上，可以见到祖陵地宫石砌墙身的遗迹，已经暴露在地表。山坡下，则是享殿遗址。陵区内还有膳堂，“以备时祭”；圣踪殿，立碑记述太祖游猎之事；其东又有楼，立碑记述太祖的功绩。此外在记载中，还有神道、石羊、狻猊、麒麟等石像生。从陵区内曾发现过石像生一具来看，记载应当属实。祖陵内除了阿保机外，还附葬阿保机的皇后述律后，以及其他几位皇亲。辽代灭亡以后，祖陵被金兵破坏殆尽。

怀陵，在辽国境内辽人所说的西山中。辽大同元年（947），太宗死后葬于此。据宋人记载，山中“长林丰草，珍禽异兽，野卉奇花，有屋宇碑石，曰陵所也”[①]。辽应历十九年（949），穆宗因残暴至极被内侍谋杀，葬于怀陵旁边，“建凤凰殿以祀”。

显陵，在辽宁北镇的医巫闾山。这座陵本是世宗为他的父亲耶律倍所建。耶律倍，乃是太祖长子，因受太宗耶律德光的猜忌，被迫逃到后唐，曾作诗“小山压大山，大山全无力。羞见故乡人，从此投外国”，辽天显九年（934）在那里被人害死。后来，太宗因他曾做过东丹王，管辖渤海国故地，将其葬于医巫闾山。世宗即位以后，追谥耶律倍为让国皇帝，将其迁葬于显陵，并建影楼，制度宏丽。据记载，耶律倍生前就很喜爱医巫闾山的山奇水秀，曾购书万卷，藏于山之绝顶上的望海堂。世宗在天禄五年（951）死后，也被葬于显陵。

庆陵，在内蒙古巴林右旗白塔子北面15千米的大兴安岭中，是永庆陵、永兴陵和永福陵三陵的总称。3座陵依东西横亘的庆云山南麓而建，朝向东南，呈东西排列，各自相隔约2千米，所以也分别称作东陵、中陵和西陵。永庆陵是辽代全盛时期的帝陵，在各陵中，其形制也具有一定的代表性。永庆陵前，依此有双阁、门殿、享殿。享殿前有月台，两侧有廊庑，形成大的庭院。永庆陵的地宫是砖砌墓室，由羡道进入。地宫有前、中、后3个主室，前室和中室的左右又都有一个耳室，共7室。前室长方形，中室八角形，其余各室平面都是圆形。各室之间有通道相连。整个墓室全长21.2米，最宽处15.5米。地宫的顶部是穹窿顶，最高处6.5米。地宫内，壁画上有砖砌的仿木构件；从羡道到中室，壁上和顶上施彩画，有装饰图案、人物和山水画，其中，中室的4幅巨幅山水图，表现了春、夏、秋、冬四季辽代皇帝所在地的景象，最具特色。辽代灭亡以后，庆陵便多次遭到厄运。天庆九年（1120），金兵攻破庆州，将各陵地面建筑烧毁，地下珍宝掠走。以后，各陵又多次被盗。1929年，日本人还挖掘了东陵和中陵，并出版了《庆陵》一书。

乾陵，是景宗陵寝，建于辽统和二年（985）。据记载，建有凝神殿

---

① 《辽史纪事本末》。

和御容殿等。辽天后三年（1128），被金人俘获后降封为海滨王的天祚帝病死，也葬于乾陵。经过多年的破坏，现在乾陵已完全被毁，无从寻找了。

第四节

西夏皇陵

>>>

西夏，是 11 世纪时党项人在中国西北地区建立的一个王朝，先后和北宋、辽、南宋、金相对峙，立国时间长达 190 年之久。从天授礼法延祚元年（1038）李元昊称皇帝起，到宝义二年（1127）西夏被蒙古军队灭亡为止，西夏共经历了 10 个皇帝。西夏末帝李晛向蒙古军投降后被杀死；夏神宗李遵顼和献宗李德旺都死于西夏灭亡的前一年，史书上没有记载其葬处和陵号。除了最后 3 个皇帝外，其他 7 个皇帝死后，都集中葬在都城兴庆府西面大约 30 千米的贺兰山东麓，形成一个很大的陵区。

西夏陵区的选址颇为符合中原地区帝王陵寝的选址原则。陵区背靠绵延 250 多千米的贺兰山脉，作为屏障；向东居高临下，俯瞰银川平原，视野开阔；远处有滔滔黄河奔流不息。整个陵区山川形势极为雄伟壮阔，是极好的风水宝地。

陵区占地约 50 平方千米。北起泉齐沟，南到银（川）巴（彦浩特）公路，东到西干渠，西靠贺兰山东麓，东西宽 5 千米，南北长 10 千米。在如此广阔的范围内，星罗棋布地散布着 9 座帝陵和 200 多座陪葬墓。在陵区的北部，还有一处规模很大的建筑遗址，似为陵邑。明代曾有人作《古冢谣》诗曰：“贺兰山下古冢稠，高低有如浮水沤，道逢古老向我告，云是昔年王与侯。”

西夏陵

银川西夏陵遗址

在陵区内，9座帝陵从南到北，分布成4个区域。南面3个区域各有两座帝陵，北面的一个区域有3座帝陵。文物考古工作者将其统一编号为1至9号陵。此外，在每个区域内，还都有数10座数目不等的陪葬墓，分布在帝陵周围。

9座帝陵中，只有7号陵有残碑可以证明是夏仁宗李仁孝的寿陵，其余各陵的归属问题至今还是一个谜。史书上载有西夏7个皇帝的陵号，即景宗李元昊的泰陵、毅宗李谅祚的安陵、惠宗李秉常的献陵、崇宗李乾顺的显陵、仁宗李仁孝的寿陵、恒宗李纯祐的庄陵和襄宗李安全的康陵。此外，还有元昊的祖父太祖李继迁被葬于裕陵，元昊的父亲太宗李德明被葬于嘉陵，二陵也都在贺兰山。这样，史籍中共载有9个陵号，而现存帝陵恰为9座，不知这是巧合还是历史的真实情况。不过，神宗和献宗死于战乱时，虽有可能来不及起陵，但也不能排除葬于陵区内，却未及上陵号的可能性。而且，据说20世纪60年代初，曾有某单位在此地修建工程，平掉了一些墓冢、台阙和墙垣，其中很有可能包括帝陵在内。至于除了7号陵以外，其余8座帝陵与西夏皇帝是如何一一对应的，由于史书上没有记载，而各陵经过多年的破坏已无法确认其主人，所以这个问题恐怕只有留待以后去解决了。

西夏诸帝陵的规模和形制基本相同。每座陵的占地面积都在10万平方米以上，方向朝南略偏东，呈南北向略长的长方形。各陵一般都由内、外二重神墙环绕，形成内、外城。神墙四角有角台。神墙内，地上建筑有阙台、碑亭、月城、献殿和陵台等，地下有墓室。

各陵的外面一般都有外神墙围绕，形成平面为南北向长方形的外城。以1号陵为例，外神墙长360米，宽250米。在外神墙的南部正中，开辟有门道，其余三面均封闭。外神墙的墙体夯土筑成，外包石块，厚度在1.7米左右。各陵中5号陵和6号陵的外神墙较为特别，只在东、西、北三面围合，而将南面敞开。其中，五号陵的外神墙还在三面正中向外凸出，形成类似城墙马面的形式。

各陵外神墙之外都有4个角台，或与神墙有一定距离，或依神墙而建，位置并不固定。3号陵和4号陵虽没有外神墙，但也有4个角台，其作用似是标识兆域的界限。角台均为方形平面的夯土台，残高数米，

西夏王陵月城

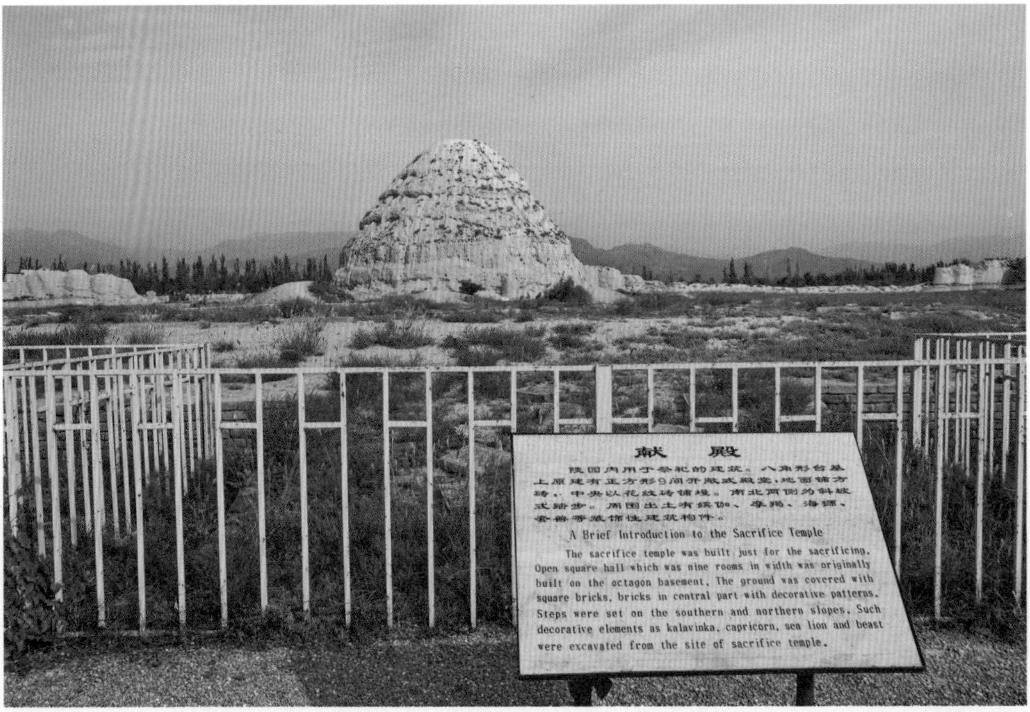

西夏王陵献殿

周围散见砖、瓦残片，当年上面可能建有角楼。

在各陵的南端，都有阙台一对。有的是在外神墙南门内的两侧，有的径直位于各陵的最南端。阙台东西相对，距离一般都在 65 米左右，亦是夯土筑成，方形平面，边长 8 米左右，残高 5～8 米不等，上部有收分。阙台顶部有的有台基，有的是平顶，周围散布大量砖、瓦琉璃构件，可以推测当年上面建有阙楼。

阙台的北面四五十米处都建有碑亭，数日或两座，或三座。凡建有两座碑亭者，东西各一；建有三座者，则东边两座，西边一座，东边靠前的一座较小。碑亭下都有方形夯土台基，表面铺方砖，上面曾立石碑。各碑亭之间的建筑式样相差很大，有的甚至同一帝陵的两个碑亭就很不一样。以 6 号陵为例，其东、西两座碑亭中，西碑亭台基平面 15 米见方，东西两侧正中各有一砖砌踏步，台基上有石柱础，周围堆积物中有大量砖、瓦、鸱吻等，表明西碑亭应是中原地区的亭或殿的式样；而东碑亭却和西碑亭大相径庭，台基平面 21 米见方，台高也超过西碑亭，台基西侧有砖砌踏步，台基表面有方砖铺成的圆形基址，周围有大量的西夏文、汉文石碑残块及砖块，却不见片瓦，从遗迹来看，东碑亭很有可能是一座穹隆顶或曰覆钵式的建筑。

碑亭北面是月城，呈东西向的长方形，北面依附于内城的南神墙，东、西、南三面都有夯土神墙，其东西宽度小于内城的东西面宽。月城的南神墙正中辟门，门址两侧墙身加宽，门内中央是神道，神道两侧尚有两列或三列石像生站立的基址。

月城北面是内城，其位置均在各陵北部。内城平面一般为南北长方形，四面有内神墙围绕。墙体夯筑而成，宽 3 米多，残高一般在 3 米以上。神墙四角都有高大的夯土，周围散布砖瓦，表明上面曾建有角楼。内神墙四面正中，均有神门一座。门址两侧墙体都有明显加宽，地面散见砖瓦、脊饰等，说明可能建有门阙、门楼。值得注意的是，有两座陵只留南神门畅通，东、西、北三门虽有门阙，却从门道内以砌墙封闭，不知何故。

内城南神门内二三十米处偏西的地方，建有献殿。从现存台基来看，有的平面为东西向的长方形，面宽 20 米左右，进深 14 米左右，有

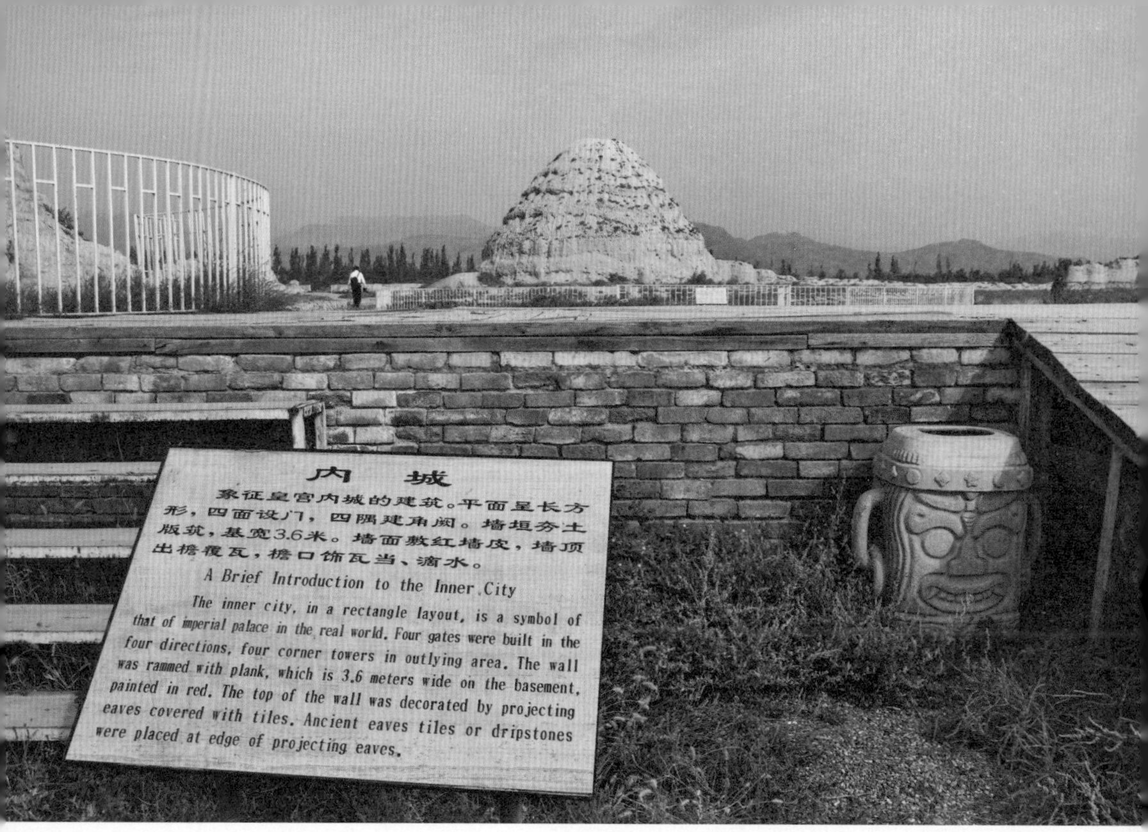

内 城
象征皇宫内城的建筑。平面呈长方形，四面设门，四隅建角阙。墙垣夯土版筑，基宽3.6米。墙面敷红墙皮，墙顶出檐覆瓦，檐口饰瓦当、滴水。
A Brief Introduction to the Inner.City
The inner city, in a rectangle layout, is a symbol of that of imperial palace in the real world. Four gates were built in the four directions, four corner towers in outlying area. The wall was rammed with plank, which is 3.6 meters wide on the basement, painted in red. The top of the wall was decorated by projecting eaves covered with tiles. Ancient eaves tiles or dripstones were placed at edge of projecting eaves.

西夏王陵内城

的平面则为方形。献殿地面建筑早已不存，周围地面散布大量的砖、板瓦、筒瓦、琉璃构件、瓦当、滴水等。

献殿北面数米处，是砂石填起的墓道封土，呈鱼脊状隆起于地面，形制颇为奇特。封土的宽度在 8 米左右，长 50 ～ 60 米，高出地面 1 米左右，从东南方延伸向西北。现在各陵墓道封土的北端，都有圆形的盗坑。

陵台就在墓道封土的后面。各陵的陵台都位于内城的西北角，夯土筑成，平面呈八角形，边长 10 米多，自下而上一般 7 层，只有一座是

5层。陵台每层都有收分，至顶部变尖，总高度大约20米。从每层收分处都有椽洞，以及周围地面则散布大量的瓦片、瓦当、滴水、脊兽等来看，当年的陵台一定是一种八角七层（五层）的高塔建筑。

西夏帝陵地下部分的情况，可以从已经发掘的一座帝陵，即6号陵得以了解。此陵据推测可能是夏神宗李遵顼的陵寝。其地下部分包括墓道和墓室，墓道为30°斜坡，水平长度49米。墓室在地下25米深处，分主室及左右耳室。主室前窄后宽，略呈方形；耳室长方形，只有6平方米左右。墓室不作砖砌，只立有护墙板。值得一提的是，墓室、封土连同陵台、献殿都在内城偏西的地方。

综上所述，可以说西夏帝陵的建筑艺术，很大程度上反映了中原地区帝陵制度的影响；同时，党项族的民族文化和宗教信仰对于西夏陵制的形成也有很大作用。据文献记载，西夏帝陵乃是“仿巩义市宋陵而作”，从实际情况来看也基本如此。各陵依山而建，集中在一个地区；陵寝的形制、规模比较统一；地面建筑如神墙、神门、阙台、碑亭、石像生、献殿、陵台等，甚至地下墓道和墓室都大量采用中原地区的建筑形式，这些都表明西夏帝陵对中原陵制的模仿。

但是，西夏陵制也并非完全照搬中原地区的做法，而是于模仿的同时，在某些方面有所创造。比如在各陵外神墙的外侧，都有角台以标识兆域的界限；又如西夏帝陵一般都有内外两重神墙，而不是中原陵寝常见的一重神墙；另外，石像生置于月城内的神道两侧，虽然规模气象不如宋陵，但布局也相应显得较为紧凑。

党项族的民俗和宗教信仰也不可避免地反映到西夏陵制上来。例

如，党项族人惯于住土屋，而帝王墓室不用砖砌，就保留了这种住土洞的习俗。又如党项族人以畜牧业为生，在帝陵中发现有铜牛、石马及大量完整的羊、狗、鸡等家禽、家畜骨架，也反映了西夏人的生活。至于宗教上的影响，主要体现在陵台上。当年西夏佛教盛行，统治者极为崇信佛教，在国内建造过大量的寺、塔，陵台其实就是一座八角七层的高塔建筑。而且，西夏帝陵的陵台和宋陵的陵台也有本质上的不同。宋陵的陵台，其位置在神墙内的中央，下面是地宫，陵台乃是封土；西夏帝陵的陵台则位于内城的西北角，其位置在墓室（即地宫）后部的十几米处，因此不具备封土的作用，可以说，西夏帝陵的陵台毫无疑问是具有强烈的宗教寓意的。

第五节 金代皇陵

>>>

金代立国之初，皇陵在上京会宁府。天辅七年（1123），金太祖阿骨打向西追击辽天祚帝，返回时病死于军中，梓宫被运回上京后葬于宫城的西南，陵上建有宁神殿。现在黑龙江阿城金上京遗址的西侧约300米处，陵址尚存一座高约10米，周长100余米的大土台，台前有碑，上书“金太祖之陵”，陵上还有绿琉璃瓦、砖雕等建筑材料的遗迹。

天会十三年（1135），太宗吴乞买病死，二月，随着太祖被迁葬至胡凯山的和陵，太宗也被葬于和陵。皇统四年（1144），熙宗完颜亶将太祖陵命名为睿陵，太宗陵命名为恭陵，同时又追谥太祖以前完颜部落的10位先祖为皇帝，并上陵号。

皇统九年（1149），完颜亮弑熙宗，篡位做了皇帝。上台后，为了巩固统治，他毫不留情地消灭政敌、剪除异己，处死太宗子孙70余人。随后，在贞元元年（1153），下诏迁都燕京，即后来的金中都。迁都以后，为不给女真旧贵族以继续留在上京的借口，同时，也为了在人心中树立起以中都为统治中心的观念，完颜亮决定将上京的祖宗陵寝也迁至中都，建立新的陵寝。

金太祖陵址碑

新的中都皇陵在今北京西南45余千米的大房山下。大房山峰峦秀丽挺拔，林木茂密，主峰云峰山，海拔1 300米以上，高耸入云，因有9条山脊似巨龙奔腾而下，所以又叫九龙山。皇陵便依云峰山而建。据《大金国志》记载，海陵王完颜亮迁都燕京后，派人在燕京周围寻找风水宝地，经过一年多的时间，找到了良乡县四五十里（二三十千米）处的大红谷龙城寺，发现那里峰峦秀出，林木隐映，是极好的筑陵之处，于是才将皇陵迁于此。所谓的大红谷，即大房山的大洪谷，在云峰山下；龙城寺，据文献记载，又作龙衔寺。

选定陵址后不久，贞元三年（1156）三月，完颜亮命人将寺毁掉，在寺基上建陵，并在山麓设立行宫盘宁宫。两个月后，完颜亮便派人去上京，将太祖、太宗及他父亲完颜宗干的梓宫迁到大房山，十一月下葬，太祖陵号仍为睿陵，太宗陵为恭陵。据《大金国志》记载，当时在龙衔寺正殿的原佛像处开凿了地宫，以安葬太祖、太宗和德宗。德宗即完颜亮的父亲辽王宗干，他被追封为皇帝，以帝王之礼葬于太祖之侧，不过后来世宗上台，将其陵号革除，今已不传。

正隆元年（1156），完颜亮又派人去上京，将始祖以下10位被追封为帝的先祖梓宫迁到中都，葬于大房山，有光、昭、建、辉、安、定、永、泰、献、乔等共计10陵。

金熙宗虽然做过皇帝，但是在海陵王执政时，没有被葬在大房山帝陵的范围内。完颜亮将他杀死以后，贬为东昏王，葬于上京他死去的皇后墓中。迁太祖、太宗陵时，由于熙宗已被贬为王，所以不在被迁之列。后来直到大房山蓼香淀一带的诸王兆域建好以后，才被迁到大房山安葬。世宗上台后，恢复了熙宗皇帝的称号，并上陵号思陵。大定二十八年（1188），因思陵狭小，又改葬于峨眉谷，仍为思陵。

大房山帝陵建好后不久，正隆六年（1161）六月，海陵王率军伐宋。十月，完颜雍乘北方空虚，在东京辽阳府起兵称帝，改元大定。海陵王急欲灭宋而还，结果在瓜州前线激起兵变，被乱军杀死。之后，其棺柩被运抵大房山，葬于诸王兆域。大定二年（1162），世宗降完颜亮为海陵郡王，谥曰炀，后又降为海陵庶人，改葬于大房山金陵西南20余千米的荒野，现早已湮灭无闻。

世宗上台后，追封他的父亲完颜宗辅为皇帝，庙号睿宗，并以帝王之礼葬于大房山帝陵，陪葬太祖，陵号为景陵。1986年，陵区内曾出土一块朱砂碑，上书“睿宗文武简肃皇帝之陵”，指的就是景陵。大定二十五年（1184），世宗的儿子监国太子完颜允恭在中都病死，世宗非常悲伤，将其厚葬于大房山。后来，允恭之子完颜璟即位以后，追谥允恭为皇帝，庙号显宗，上陵号为裕陵。大定二十九年（1189），世宗病死，葬于太祖陵侧，陵号为兴陵。

金章宗完颜璟在泰和八年（1208）病死，葬于道陵，他是最后一个葬于大房山金陵的皇帝。当时由于金国正处于国力强盛的时期，所以道陵修建得非常豪华。元代时，“道陵苍茫”还成为燕南八景之一。

章宗死后无子，卫绍王完颜永济即位。这时金国国内朝政已坏，在外则蒙古正强大起来。自大安三年（1211）起，蒙古军连年入侵，已威胁到了金国的安全。至宁元年（1213），武人胡沙虎发动政变，杀死卫绍王，迎立完颜珣，即宣宗。卫绍王死后，被降为东海郡侯，后又复为卫绍王，葬处没有记载。宣宗即位后，贞祐二年（1214）向蒙古求和，同年迁都南京开封府。元光二年（1223），宣宗病死于开封，葬于开封的德陵。宣宗死后，太子完颜守绪即位，即哀宗。天兴三年（1234），哀宗被蒙古军围在蔡州（河南汝南），自缢身亡。手下人将其火化后，把骨灰撒入汝水。哀宗在情急之中曾将帝位传给宗室东面元帅完颜承麟。承麟刚刚即位，蒙、宋联军就冲进城中，巷战中，承麟被乱军所杀，根本谈不上葬处。金国也就此灭亡。

综上所述，我们知道在大房山金陵中共有17座帝陵，但实际上，只有太祖、太宗、熙宗、世宗、章宗5人真正做过皇帝，其余都是死后追谥为皇帝而葬于此的。

除了帝陵以外，大房山陵区还有坤厚陵和诸王兆域。坤厚陵是妃陵，建于世宗时；诸王兆域则埋葬宗宰诸王，海陵王、熙宗与诸王一道都葬于此。整个陵区以云峰山为中心，范围极为广大。世宗时，划定了陵区范围，在陵区周围立起一座座"封堠"，即土堆，作为边界，陵区周围达到78千米，后又调整为64千米。大定二十九年（1189），世宗还专门设立万宁县管理陵区。章宗明昌二年（1191）又将其改名为奉先县（今属北京房山区）。

金国灭亡以后，蒙古人自认为是金朝的继承者，所以并没有马上毁掉金陵。金陵的毁灭是从明天启年间开始的。这时满族已崛起于白山黑水之间，万历四十七年（1619）的萨尔浒之战，努尔哈赤大败明军，之后，明朝辽东重镇沈阳、辽阳先后陷落。于是有人向朝廷提出，满族是女真人的后裔，后金发祥于渤海，与金国气脉相关。结果，先是天启元年（1621），明朝停止了金陵的祭祀。之后在天启二年，明朝拆毁了金陵的建筑。当然，这种迁罪于前代帝陵的做法实在是荒谬至极，根本无法阻止国运的衰败。20年后明朝就灭亡了。清军入关以后，金陵得到修葺，但没有恢复原状。以后经过数百年，迄今已湮灭无存了。只有残留的石碑、石雕还有一些石刻构件、琉璃瓦等，仿佛还在陈述着当年金陵的繁华壮丽。

第七章

建筑著作及哲匠

7

中国的古代建筑曾经取得过辉煌灿烂的成就。在数千年的发展过程中，以木构架为主的建筑体系日臻完善、成熟，具有独特的艺术风格和深厚的文化内涵，从而在世界建筑之林独树一帜，有着不可替代的重要地位。然而，和西方古典建筑体系相比，西方早在古罗马时期，就有维特鲁威所著的建筑理论方面的专门著作，此后，论述建筑的著作层出不穷；而中国古代，建筑方面的著作却是凤毛麟角，屈指可数。至于说到建筑师的地位，在西方，建筑师在社会上有很高的地位，这种情形可以一直追随到古代埃及时期，那时建筑师能成为法老的朋友甚至亲信；而中国古代，建筑之术只不过是匠人做的事，难登大雅之堂，一般的士大夫都不屑于去谈论，建筑师的地位就更谈不上了。这些似乎与中国古代建筑曾经取得的成就极不相称，但却是无可辩驳的事实。那么，这其中的原因何在呢？

在中国古代，早在周朝时，建筑就已经被士大夫纳入了礼制的范畴，成为推行礼仪教化的工具。例如，流传于战国时期的《考工记》，就从礼制思想的角度阐述了一些建筑设计的原则。在历代的史传中所记载的建筑，一般都是只有名称、方位和形制，而很少涉及建筑的构造、做法等。具体到每一个不同的建筑，常常有更加严密、细致的礼制规定，或者是宗教上和风俗上的规定，甚至披着神秘面纱的风水理论和对于诗画意境的追求，往往也能左右一座建筑的总体设计。至于如何把一座建筑修建起来，通常被认为是工匠们的事情。然而，严格说来，礼制上的或者其他的规定都不是真正的建筑著作。士人阶层一方面不屑于讨论匠人的技艺，另一方面，对他们来说，没有很长时间实际工程的经验积累，要想掌握建筑这样一门比较复杂的科学，要想写出真正的建筑著作来，也并不是一件容易的事。对于有大量工程经验的匠人来说，他们大多数人文化程度很低，他们的经验和做法往往只依赖师徒口授传承，不借助于书籍。所以，在中国古代建设体系产生以后，相当长的一段时间里，虽然有过不少能工巧匠，但竟然没有一部真正的建筑著作。这种情况直到中古时期的北宋，才有了根本的改变。

事实上在唐代，客观上就已经有了产生建筑技术著述的可能。那时，木建筑技术已基本定型，产生了用材制度，即以木材的某一断面尺寸为基数来计算用料，构件的形式也已基本规格化。而且，在社会上还出现了专门替人建房的都料匠，他们绘制图样，进行设计，组织施工，并以此为生。这样一来，出现一部总结性的建筑技术书籍，已经不是什么困难的事了。

到了北宋时，随着木构技术的进一步发展，终于出现了两部伟大的建筑著作，即宋初木工大师喻浩所著的《木经》和北宋末年将作监李诫所著的《营造法式》。

第一节

喻浩和《木经》

>>>

第一部真正意义上的建筑著述，乃是五代末至北宋初都料喻浩的私人著述《木经》。

《木经》这部书现早已失传。沈括的《梦溪笔谈·卷十八·技艺》中，摘录了其中的一些内容，使我们能大约了解《木经》一书的梗概。书中有这样的论述，“凡屋有三分：自梁以上为上分，地以上为中分，阶为下分。凡梁长几何，则配极几何，以为榱等。如梁长八尺，配极三尺五寸，则厅堂法也，此谓之上分。楹若干尺，则配堂基若干尺，以为榱等。若楹一丈一尺，则阶基四尺五寸之类。以至承拱榱桷，皆有定法，谓之中分。”引文中的“配极”，指的就是确定梁到屋脊的高度。从这段文字我们可以看出，作者所给出的确定构件比例的方法还是非常简单、灵活的，便于在实际工程中操作使用。

《木经》的作者喻浩，是浙东人，他实在称得上是一位杰出的建筑哲匠。从一直流传至今的关于他的几个小故事中，我们可以得知他不仅有丰富的实际工程经验，同时还具有勤奋刻苦、聪明好学、谦虚谨慎的良好品质。

北宋初年，吴越国王钱弘俶曾在杭州兴建一座方形木塔。在施工中，发现塔身晃动。主持工程的人解决不了这个问题，便辗转请教当时已颇有名气的木工大师喻浩。喻浩让他在塔的每层都铺设木板，用钉子钉牢，结果塔身果然稳住了。实际上，喻浩所采取的措施，是通过加强塔身的整体性来控制塔身，这也反映出他在建塔方面有着很丰富的实践经验。

喻浩真正辉煌的事迹是建造汴京的开宝寺塔。此塔八角十三层，高达 120 米，是端拱年间他奉宋太宗之命建造的，当时他是都料匠。据欧阳修的《归田录》记载，北宋京师各塔中最高、制度也非常精美的就是开宝寺塔。然而此塔在刚刚建成时，看起来不正，有些向西北方向倾斜。大家感到奇怪，便询问原因。喻浩说："京师地平无山，而多西北风，吹之不百年，当正也。"欧阳修在赞叹喻浩用心如此之精时说："国朝以来木工，一人而已。"

在建造开宝寺塔的过程中，喻浩充分显露出他高超的技艺。据宋庠《杨文公谈苑》记载，喻浩生性极为聪明，在建塔前曾制作了塔的模型。施工时，每建一层，就在塔身外面围上帷幕，人们在外面只能听到里面有锤凿之声，每过一个月，就建好一层。有时，梁柱安装得不太吻合，有些松动，喻浩四处走走看看之后，便选准地方，手持巨槌撞击数十下，于是原来松动的地方全都牢固结实了。喻浩则在一旁自言自语："这下过七百年都不会倾斜松动了。"

一座塔在百年后可以被风吹正也好，经过七百年不会倾斜松动也好，只有身怀炉火纯青的技艺，喻浩才能说出如此的豪言壮语。不过令人遗憾的是，事实没有来得及检验喻浩的预言。开宝寺塔这样一座雄伟壮丽的大塔，仅仅存在了五十多年，就在仁宗庆历四年（1044）被大火烧毁了。后来又仿造此塔建了一座琉璃塔，留存至今，即开封祐国寺铁塔。

喻浩之所以能有如此精湛绝伦的技艺，与他平时勤于思考、刻苦学习

开宝寺塔

开宝寺塔位于河南省开封市铁塔公园，素有"天下第一塔"之称。塔八角十三层，因此地曾为开宝寺，又称开宝寺塔，又因遍体通彻褐色琉璃砖，混似铁铸，从元代起民间称其为"铁塔"。

和钻研是分不开的。据陈无已《后山谈丛》记载，北宋初期，京师相国寺的楼门是唐代建筑。喻浩曾说，这座楼门其他的地方都知道是怎么回事，唯独搞不清卷檐的构造。于是，每次他经过楼门的下面，就站在那里仰头看。站久了就坐着看，坐久了就躺着看，百思不解其中的奥妙。从这个故事中，我们不能不对这位哲匠肃然起敬。

更为令人佩服的，是这位哲匠谦谦君子之风尚。据释文莹《玉壶清话》记载，喻浩在建造开宝寺塔之前，曾制作了塔的模型。宋太宗请当时著名的界画家郭忠恕观看。郭擅长画楼阁，以比例准确，毫发不差闻名于世。他看了喻浩制作的小样后，以小样最底下一层的尺寸折算到第十三层，发现多了一尺五寸（约50厘米），没有了应有的收杀，便对喻浩说："还应该慎重些。"喻浩听了以后数夜不寐，仔细拿尺核对小样，终于明白是怎么回事了。第二天黎明，他就到郭家敲门，长跪不起，以表示感谢。

关于喻浩的生平，史书上没有太多记载。相传他只有一个女儿，他自己从不吃荤，晚年时，曾打算出家当和尚，但数月后就去世了。据说他在写《木经》期间，一躺下就把双手放在胸前，比画着房屋结构的样子，这样揣摩了一年多，写出了《木经》三卷。

第二节
李诫和《营造法式》

>>>

《营造法式》一书，可以说是我国古代最为完善、系统的一部建筑著作。此书是北宋时的将作监李诫所著，成书时间在哲宗、徽宗时期，是由北宋政府批准颁行天下的建筑技术著作，在我国古代科学技术史上具有极高的历史地位。

这部书的编写在当时是王安石变法的产物。北宋到神宗时，已经过

100 多年的发展。此时的北宋社会，表面上看，还是一派歌舞升平、繁华盛世的景象。然而实际上，社会的积贫积弱已到了非常严重的地步：财政入不敷出；阶级矛盾异常尖锐；此前对西夏的几场战争均以失败告终，不得不以岁币换取和平。面对现实，朝内上上下下多因循守旧，不思进取，只管贪图享受。而一些头脑清醒的有志之士，看到了这种虚假繁荣背后隐藏的巨大危险，便纷纷呼吁进行改革，以期彻底改变这种社会面貌。治平四年（1067），英宗病死，年仅 20 岁的赵顼即位，改元熙宁，是为神宗。神宗对社会弊病有所了解，也希望并试图改变旧的状况。他即位以后，便任用王安石为翰林学士、参加政事，积极推行新法，目的是富国强兵。当时王安石主持的新法，内容涉及政治、经济、军事、教育、科举制度等很多方面。就经济方面的措施来说，主要是发展生产、平均赋税、开源节流，以增加政府的财政收入，减少支出，摆脱自仁宗以来就存在的严重的财政亏空状况。熙宁中（1068—1077）《营造法式》一书的编写，就是为了配合经济方面的变革，而由皇帝诏令主管工程设计、施工的部门“将作监”负责进行的。其目的是，在制订出比较完善合理的设计、施工规范的前提下，严格确定工料定额，以杜绝贪污浪费、节约开支。

哲宗元祐六年（1091），《营造法式》编修完成。然而，元祐法式却存在很大的问题，即大大地背离了当初编修此书的初衷。按绍圣四年（1097）十一月二日皇帝敕令所说，元祐法式仅仅是控制用料的办法，而没有规定如何在有变化的情况下制作和使用材料；而且，其中的工料定额过于宽松，无法杜绝贪污、浪费。如果是这样，那么这部书实际运用于工程中，就起不到应有的积极作用。

这种情况下，尚书、中书、门下三省在绍圣四年同奉哲宗圣旨，任命将作少监李诫重新编修一部《营造法式》。李诫接受任务后，遍考经史群书，并找来有经验的工匠一一讲解实际工程情况，经过 3 年多的时间，终于在元符三年（1100）编成了可以普遍推行通用的《营造法式》。书编成后，先被送到有关部门进行审核，发现没有什么未尽之处或不当之处，就呈送皇帝，经批准，在崇宁二年（1103）颁行于世，我们今天能够看到的《营造法式》，就是这一次编修的结果。

《营造法式》一书从性质上看，类似现在的建筑设计、结构、用料和施工的规范。其内容包括释名、各作制度、功限、料例和图样 5 个主要部分，计有 34 卷。书前又有看样和目录各一卷，全书共计 36 卷。

看样一卷，作出了一些有关房屋修建的基本规定，比如方圆平直的确定、方位的确定、根据不同季节对劳动工日长短标准的规定、屋顶坡度曲线的画法等，还罗列出各作制度中一些基本构件的不同叫法。

第一卷和第二卷是总释、总例。所谓总释，就是引经据典地诠释各种建筑物及构件（即名物）的名称；总例中则具体制定了一些规定，其中包括劳动定额的计算，但主要内容与看详一卷相重复。

第三卷至第十五卷是诸作制度，依此是壕寨、石作、大木作、小木作、雕作、旋作、锯作、竹作、瓦作、泥作、彩画作、砖作、窑作等 13 个工种的制度。在诸作制度中，具体说明各工种如何施工建造，以及变通方法等。

第十六卷至第二十五卷是诸作功限，详细规定了按各作制度的内容进行施工，所需劳动定额的计算方法。

第二十六卷至第二十八卷是诸作料例，详细规定了在各作制度下对于选材用料限量的规定。

第二十九卷至第三十四卷是诸作图样，包括总例、壕寨、石作、大木作、小木作、雕作、彩画作等制度中，涉及的工具、构件、做法的图样。

《营造法式》这部书所反映出的科学性和条理性是显而易见的。首先，在编修体例上，先看样、释名，再诸作制度，再诸作功限，再诸作料例，最后是诸作图样，秩序井然，条理分明，非常便于在设计、施工中查找相关条款，这也与此书作为建筑手册的功能很相称。其次，从内容上看，这部书是对当时建筑技术水平、艺术加工水平和施工组织管理水平的一个全面总结，书中很多地方都反映出高度的科学性。比如，在唐代就已经出现的模数制，此时以文字形式确定下来。在大木作制度的开篇即规定，“凡构屋之制，皆以材为祖；材分八等，度屋之大小，因而用之”，这就确定了模数制在大木作制度中的重要地位。材的高度分成 15 份，以 10 份为厚度，斗拱上下两层拱之间的高度定为 6 份，叫作契，“凡屋宇之高深，名物之短长，曲直举折之势，规矩绳墨之宜，皆以所用材之分，以为制度焉”。又如，书中除了细致周密的规定以保证经济合理外，还考虑了不同情况下设计、施工工作的灵活性。一般在各作制度的行文中，常有“随宜加减”的字样，或者给出变通的做法。在功限和料例的定额计算中，也充分考虑了种种因素的影响，如对用工来说季节的影响等。

总之，《营造法式》是一部划时代的作品。它总结了我国中古以前建筑实践的经验，充分反映了当时官方建筑所达到的技术和艺术水平，使我们能借以深入了解宋代乃至整个中国古代建筑的发展，是我国建筑文化遗产中的宝贵财富。

《营造法式》一书的作者李诫，是一位有着丰富建筑工程经验的建筑师。他在元祐七年（1092）以承奉郎的身份任将作监主簿，就开始在将作监任职。将作监隶属工部，这一职官主要就是监掌宫室、城郭、桥梁、舟车等的营缮之事，设有将作监、少监各一人，丞、主簿各二人。李诫在将作监任职 12 年，先后担任过主簿、丞、少监、将作监，级别也由承奉郎升到中散大夫，共升迁了 16 级。任职期间，他亲自主持了很多工程，如五王邸、辟雍、尚书省、龙德宫、棣华宅、朱雀门、景龙门、九成殿、开封府廨、太庙、钦慈太后佛寺等，这些工程仅从名称我们可以看出其重要性。由于出色地完成了这些工程，他不断得到晋升的奖励。

关于李诫的生平，根据他将作监的属吏傅冲益为他作的墓志铭，我们可以大概了解。李诫，字明仲，郑州管城人。他的父亲李南公曾任河北转运副使，后为龙图阁大学士、大中大夫。元丰八年（1085），李南公替李诫捐了个小官，做候补郊社斋郎。后又调曹州济阴县尉（济阴县今属菏泽城区），7 年后调将作任职。大约是大观二年（1108），他因父亲去世，辞职居丧，离开将作。之后，知虢州，不久生病不起，大观四年（1110）去世。

从李诫的事迹来看，他不仅是一位杰出的建筑师，同时也是一位涉猎广泛的学者。据他的墓志铭记载，除《营造法式》外，他名下还有不少著述，如《续山海经》10 卷、《续同姓名录》2 卷、《马经》3 卷、《古篆说文》10 卷、《琵琶录》3 卷、《六博经》3 卷。这些著作虽然今已失传，但凭书名就使我们不得不相信他的博学多才。

第八章

唐宋建筑艺术

8

唐、宋时期是中国古代历史上一个十分重要的时期，是古代中国社会由中古时代向近古时代，以及中国封建社会由极盛而渐衰的一个转折时期，也是中国古代建筑衍演发展、艺术风格前后蜕变的一个重要时期，是中国古代文化史上一个最为光辉灿烂的时期。如果要想深入理解两宋、辽、金与西夏的城市、建筑与园林艺术的特征，就不能不对整个唐、宋时期的历史与艺术风貌的变化情况作一个总体的观察与讨论。

第一节
唐、宋建筑的发展

>>>

一、历史简况

这一时期的开始应从隋文帝建立隋王朝即公元 581 年算起，至公元 618 年隋亡唐兴。唐代经太宗贞观之治、高宗永征之治，及武则天经营的 40 余年，到唐玄宗的开元、天宝之治时，达到鼎盛。自此而转折，渐趋衰微，直到公元 907 年唐代灭亡，共经历了 289 年。随后而至的五代十国战乱时期，并没有延续多少时间，至公元 960 年宋太祖赵匡胤建立宋王朝，并统一中原及南方地区，形成了北宋与辽的对峙局面。公元 1125 年金灭辽，公元 1127 年金灭北宋，酿成了“靖康之耻”。迁都临安的南宋与占据北方的金相对峙，加上位于西北的西夏，形成鼎立之势。直到公元 1271 年元代建立，及 1279 年南宋王朝最后灭亡为止，这一整个历史时期前后跨越了 698 年，近 7 个世纪之久，大约相当于整个中国封建时代的三分之一，其时间段也恰恰位于自春秋战国以来的封建社会中期。

从文化的角度来看，汉代确立汉民族文化于前，唐代融合西域及北方少数民族文化于后，使这一时期出现了一个文化大发展的局面。唐诗、宋词成为中国古代文学史上最丰富、最辉煌的文化艺术宝库之一。佛教文化在这一时期也达到了顶峰。这一来自西域天竺的异域宗教，自东汉传入我国（67），经历了南北朝时期的大普及，唐代时得到了高度的发展。出现了许多空间丰富，造型优美的寺院。唐代中时与五代后周世宗对佛教的打击，以及唐末与五代十国的数十年战乱摧残，使佛教建筑及文化受到较大的破坏与冲击，许多重要的佛教宗派已不复存在，或日渐衰微；唐两京等地的许多重要寺院，遭到了破坏。代之而起的是民俗文学的进一步发展与说讲文学的流行及佛教禅宗与儒家理学的兴起，使之更适合中国封建士大夫阶层的宗教思想与意识形态的发展。同时，从绘画的角度看，宋代绘画已不再像唐代绘画那样，以宗教壁画为主要题材，而是大力发展了花鸟画、山水画，及对后世有较大影响的文人画，使宋代文化继唐之后达到了一个新的高潮。

二、城市的演变

从城市与建筑艺术发展的角度讲，唐、宋时期也处于一个典型的转折时期，而这种转折在城市的演变上表现得尤为突出。

如我们所知道的，中国古代城市是不同于欧洲城市的。欧洲城市，尤其是中世纪的城市，从一开始就是作为封建贵族的对立物而存在与发展的。欧洲城市内的主要社会构成是手工业者与商人。具有权势的封建贵族则居住在专属于他们自己的庄园与城堡中。中国的城市是按行政区划的格局，主要作为帝王宫殿及各级官僚衙署的所在。大大小小的城市，其实就是围绕大大小小的官署而布置的。城市处在封建统治者的严密控制下，商人与手工业者都要受到官僚体制的严格控制与管理。

事实上，这种以宫殿与衙署为中心的城市设置，在中国历史上已延续了几千年之久，但这种延续却不是一成不变的。中国古代城市的发展，如果以汉代的长安城作为一个资料比较完整的大型都城，那么大致可以看出此后发展的两种趋势：一是宫殿建筑在城市中所占的比重越来越小，因而也越来越浓缩在一个较小的、在城市中最为重要的地位；反之，用于商业交换用的市场，却逐渐突破城市强加于其上的原有限制，而越来越向城市的各个角落蔓延。从空间与时间两重意义上讲，这种蔓延是冲破了一道又一道森严的壁垒的。

汉代长安城与秦代咸阳城一样，几乎是一座放大了的宫殿，城内五分之四的面积被宫殿建筑所覆盖，如长乐宫、未央宫、北宫、桂宫，及后来在城外建造的建章宫。居民夹杂在这些宫殿的墙垣之间，或散布在城外。用于交易的市场，被严格的限定在一个空间中。城内的宫殿也并不作对称的设置，似乎没有明显的中轴线。宫殿也不居于城市的中心线上，这或许因为整座城都被宫殿所覆盖，也就无所谓居中不居中了。

此间经过了南北朝动乱时期，到了隋初建大兴（即唐长安）城时，则出现了一些变化。大兴城将宫殿集中在城市中轴线的最北侧，宫城前加了一道皇城，在城内设置官署，使官署和民房分开设置。然后沿用汉代的方法，将居民区分成一个个坊，全城分为108坊，坊有坊墙、坊门，坊内分成十字街，内建住宅。这种坊是有严格规定的，每到天黑，街鼓一响，坊门必须关闭。街上有士兵往返巡逻，不许有行人走动，坊内也不许有灯火喧闹之声。交易地区则被固定在东西两市，在规定的时间与规定的地点进行交易。至于宫殿在城内的位置，在隋初建大兴城时，宫城位于城市中轴线的北端，但唐长安时，因旧有皇宫所处位置地势太低，太潮湿，又在城东北角建大明宫。玄宗朝还在其龙潜宅址上兴建兴庆宫。如此，则城内有3座宫城，其宫殿规模与尺寸虽不能与汉代相比，也仍然很大，不求一定要位于城市的中轴线上。

随着唐代经济的发展，唐长安城几乎成为国际式的大都市，往来客商不断，各国商人及僧人云集。生产与贸易的发展，必然刺激并改变城市的结构。变化首先是从城内里坊中开始的，即在坊内逐渐形成“临路店”的格局，打破以往不许向坊内道路开门设店的规定，在路边开设各种店铺，进行各种市易活动。到了中、晚唐，这种市易活动日益兴盛，渐渐发展为夜市。这些在夜间仍然进行交易活动的街市店铺，包括酒馆、客店等，往往灯火喧嚣，通宵达旦，以致有人上奏朝廷，建议这些夜市“宜令禁断”。可知其规模与影响已经相当之大。

我们可以如此推测，在唐代的里坊中，在盛唐与中、晚唐繁盛的经济活动的推促下所渐渐形成的夜市与临路店，已经开始在时间与空间上，突破唐以前城市对商业活动的诸多限制。旧有的严格规划而成的城市里坊格局，开始被商业活动所冲击，其中已经开始孕育了一个新的城市模式的胚胎。经过中、晚唐与五代时期的孕育，到宋代时这种城市模式终于成为现实。

宋代城市较之唐代城市的规模要小得多。同样宋代宫殿的规模较之唐代宫殿也小许多（但仍比明清故宫大许多）。如前所述，宋的大内是在唐代开封州治的衙署的基础上建立起来的，从规模上讲，也就相当于唐代一个节度使的府邸，只是宋代略有扩展。正因为宫殿小了，就必须将之居于一个十分重要的位置，才能够突出宫殿所代表的皇权至上的地位。宋代大内宫城大约布置在汴梁城的中轴线及城市的中心位置上，相当于在隋代大兴城将宫城置于城市中轴线之北做法的基础上，将宫城沿中轴线向南推移至大约城市的中心位置，并将原在其前独立设置的皇城，变成一个环绕宫城而设的布置，因而形成了三套方城格局。明清时代，则将宫城与环绕其外的皇城推至城市中轴线的前部，皇城前直接用一个千步廊，直抵城门——正阳门，使其地位更为突出。

宋代城市虽然还保留了坊的称号，但已完全不同于隋、唐。隋、唐的里坊是一次性规划而成，并动员数十万民工，在一年之内建成的，而宋汴梁城则“不似隋、唐两京之预所为布置，官私建置均随环境展拓”。在实际建造时，先由政府用竹竿等标记画定道路界限，界限以外的地方，除官署、军营、仓场等公用地皮外，其余地段“即任百姓营造”。我们知道，唐长安城初时人口不过10余万，然而城市规模却很大，居民不仅不能临街建造房屋，而且不能盖楼房。长安城内的高层楼阁及塔幢等，均是寺庙或宫苑中的建筑。而宋汴梁城至少有40万人口。盛时可能达100万之多，城内房屋十分拥挤，沿街出现了许多楼阁建筑，“三楼相高，五楼相向”。城内主要街道上的商店、酒楼、勾栏、瓦肆，可以随意向街上开门，也没有时间的限制，甚而通宵达旦，使这座中古时代的城市，似乎更带一点晚近城市的意味。类似的情况在宋代的平江、临安等手工业十分繁盛的城市中也可看到。而平江（苏州）城水陆兼济的城市格局与前街后河的城市特点，也是从宋代就开始了的。

三、建筑技术的发展

隋唐、五代与两宋、辽金时期，是一个剧烈变化的时代，是中国封建社会由前期向后期转折的时期，也是中国古代建筑艺术与技术日渐臻于成熟，并更加完善的时期。可以说中国古代建筑发展过程中一切重大的尝试，几乎都曾在这一时期发生过了。中国古代木构建筑在结构、造型与装饰上的各种可能性，在这一时期得到了最充分的展现。同这一时期的发展相比，在这以后的一个漫长历史时期里，中国建筑在各方面的发展就显得滞缓多了，生气勃勃的创造性也少了很多。

（一）砖石技术的发展与应用

中国古代砖石技术的发展，很早就已达到相当高的水平。现在的遗物中，汉代的石阙、北魏的嵩岳寺塔，都是砖石技术应用的重要例证。但在唐、宋时代以前，包括隋、唐在内，砖石应用于建筑还很不广泛。如隋代营建的长安与洛阳两座城市，其城墙与里坊的墙垣，都是由夯土筑造的。长安的隋、唐宫殿，其建筑物的墙壁还是主要用夯土筑造的。

就连唐大明宫中最高等级的建筑如含元殿、麟德殿等都如此。长安与洛阳城内的重要街道，甚至门楼洞口内的路面，也都是用夯土铺筑的。由此可见，这一时期砖石材料的应用还远不够广泛。

但这并不是说当时砖石技术没有一定的水平。如隋代建造的河北赵县安济桥，可谓巧妙利用石材特性，使造型与结构达到完美统一的、具有高度技术水平的典型例证。此外，初唐时营造的兴教寺玄奘塔、慈恩寺大雁塔、荐福寺小雁塔等高层砖塔，其砖石结构的技术已有相当的水平。这一时期对于砖石的应用，还比较注意顺应砖石材料自身的特性。虽然已有了一些砖仿木结构的早期迹象，但对于木构部分造型的模仿是经过了简化的，是尽可能顺应砖石材料性能的。

应该说，砖石材料的应用，与一定的经济条件有关，也与生产力的发展有关。自初唐始，砖石材料的应用日渐广泛，唐营大明宫，已经在宫城墙角、城门左右侧壁处，在夯土墙外用砖加以包砌。而砖的大量应用，当是在中唐以后的事情。这显然是因为随着经济与生产力的发展，砖石的生产量得以增加，成本有所降低，有了大量使用的可能条件。唐末、五代时期南方的一些城市，如成都、苏州、福州等，都相继用砖筑造城垣。福州

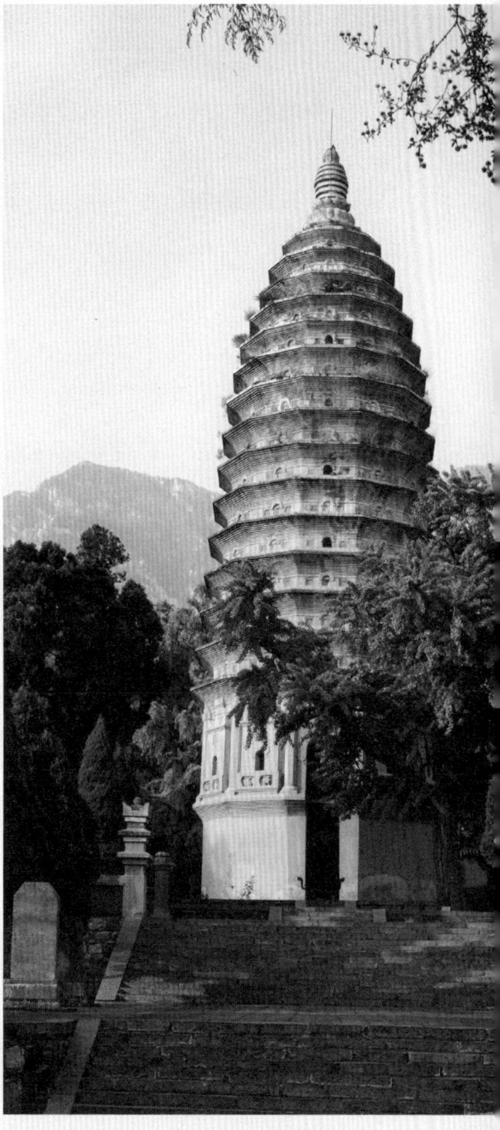

嵩岳寺塔

嵩岳寺塔建于北魏，为我国现存最古老的砖砌佛塔。这座古塔造型精巧秀丽，各层之间都有坤门、斗拱、风窗、力士、鸟兽等青砖雕饰，其刀工细腻，造型活泼。

城的子城与罗城城墙，均用砖砌造，砖上还布满了纹饰。

由发掘可知，唐永泰公主墓的墓阙、墙垣与角楼，还是以夯土为主筑造的。墓室也只是少量用砖，而以夯土为主。五代时的南唐陵与前蜀陵，则中部是完全用砖或石建的墓室，其砖石造拱券及穹隆的技术也已经相当成熟。五代末，仿木楼阁式佛塔已经开始流行，如苏州虎丘云岩寺塔、杭州闸口白塔、灵隐寺双石塔等。这时，石构或砖构模仿木结构造型的倾向已十分突出，可以说是开后世仿木构的楼阁式砖石塔之先声。

宋代的砖石不仅在应用方面相当普及，而且也渐渐趋向于造型与装饰风格上的华丽。宋代城市多用砖砌城墙、马面及瓮城，城内的道路也用砖铺路面。甚至城内主要道路两旁的水渠，如汴梁州桥御道两旁的御沟，就是用石砌筑的。宋代在全国各地建造了许多规模巨大的砖塔，如高达 80 多米的定县开元寺料敌塔，标志着宋代砖石技术的水平。而开封佑国寺铁塔（琉璃塔）不仅表明砖构外镶琉璃技术的高度水平及琉璃制品生产的高度发展，同时也显示出了一种建筑风格演变的趋势。

由实例分析可知，宋代建造的砖石塔中，仿木构的倾向随着时代的发展也越来越突出。如果说五代末建造的杭州闸口白塔及灵隐寺双石塔还只是在形式上模仿木楼阁，实际却仅仅是不欲人登临的实心建筑，在结构体系上还可以说勉强符合砖石的特性，那么宋代石塔则不然。现存许多宋代石塔，如泉州开元寺双石塔、长乐三峰寺塔、福清水南塔、莆田广化寺塔等，都是可以让人登临的楼阁式塔。其外观造型及细部处理的许多方面，已经与木构建筑十分接近。塔的各部分不仅布满了华美的雕刻，还有着各种与木构无异的构件，如窗、斗拱、出檐、角翘、甚至匾额等。这些构件在外观形式上浑然与木制楼阁无异，一方面反映了宋代砖石技术所能达到的结构技术与装饰水平，另一方面也反映了一种倾向，即违反了砖石材料的特性，使砖石材料勉强适应木材的构造技术。这对于砖石建筑的发展实际上是起着阻碍作用的。

两宋、辽、金时期砖石技术的发展，还表现在桥梁的建造上。金代建造的卢沟桥，宋代建造的福建泉州万安桥与晋江五里桥等，都是当时著名的桥梁。卢沟桥长 266.5 米，由 11 孔连续半圆拱构成；宋代建造的两座桥都是石造桥墩与石梁，不起拱券，其中万安桥建于元丰元年

福建泉州万安桥

泉州万安桥始建于北宋。桥为石构平梁桥，桥旁扶栏外尚存幢幡等形式的石塔五座，塔身均浮雕有佛像、图案。

晋江五里桥

五里桥又名安平桥、西桥、安海桥，是福建省泉州市境内连接晋江市和南安市的一座桥梁，是世界上中古时代最长的梁式石桥，也是中国现存最长的海港大石桥，是古代桥梁建筑的杰作，享有“天下无桥长此桥”之誉。

(1078)，又称洛阳桥，长540米，41孔，石梁长11米，抛大石于江底作为桥墩基础；五里桥，长约2 700米，桥心有亭，书楹联“天下有佛宗斯佛，世上无桥长此桥”。这些石造桥梁工程量之大，也是可以想见的。

（二）木构技术的发展

作为中国建筑主流的木构建筑的技术，在隋唐、五代与两宋、辽金时期也得到了充分的发展。

中国古代木构建筑的发展，一开始就受到两个方面因素的制约：一是木材本身特性的制约，二是中国古代的哲学思想等意识形态方面的制约。

木材的性能，使建筑在单层空间的高度与单间的跨度方面，都受到一定的限制。限制的原因来自木材本身的尺寸与木材的受力性能。而中国古代意识形态中，儒家思想占有很大比重；儒家主张“述祖宗，法先王”(祖宗崇拜)，所以尧的“土阶三等，茅茨不剪”、禹的“卑宫室，致力于沟洫”的做法，就成为儒家要求君主建筑遵循的典范。唐太宗建翠微宫还用草茸屋顶，以示仿效尧。另外中国古代一向崇奉的是“人本位”的思想，人世的君主比上帝鬼神的权威更重；国家最重要的建筑是皇家宫室，而不是寺庙。而人所使用的建筑，在空间与尺寸的要求上，是非常有限的。尤其是古代人席地而坐，其跪坐的习惯，以及与之相适应的家具，都对所需要的建筑空间提出一定的限制因素。所以，中国建筑倾向于既不是很高，也不是很大，所谓“高室近阳，广室多阴”，因而追求适形而止。

秦、汉建筑即使去追求高大，也只是利用夯土台，即在夯土高台上建造房屋，或将夯土台筑成台阶状，使建筑依阶建造，仅在外观上造成高大的形象。每座建筑本身的空间并不是非常深广与高大的。

但是从魏晋以来，随着佛教的传入并广泛流行，出现了一种将木构建筑向高、向大发展的尝试。这是一次重要的，然而却不持久的尝试。著名的北魏洛阳永宁寺塔，可以说是这种尝试中较早的，也是较大胆的。记载中的永宁寺塔，塔身高约300米，刹高约33米，合去地一千尺(约333米)①；另一说高40余丈(约133米)②。如以后者计，也有

① 《洛阳伽蓝记》。

② 《魏书·释老志》与《水经注》。

100 多米高。

隋初营大兴城，文帝与炀帝先生在城西南永阳坊造了两座木造高塔。这两座高塔亦是可以与永宁寺塔相比拟的。两塔一样高，周围 120 步（右制一步约 5 尺；约为 200 米），每面按 30 步（约 50 米）计，约 180 尺（60 米），折算起来也有 50 米面宽；高度有 130 仞（按 7 尺计算；约为 303 米），330 仞（约 770 米）之说，亦有 330 尺（110 米）之说，以 330 尺（110 米）之最低限计，也高达 90 多米。当时长安城中木造的高塔，在约 50 米，即 40 多米以上的，就有好几座。

唐代洛阳的武后明堂，又是一个高层木构建筑的例证。这座十分高大的建筑每面宽 300 尺（约 100 米），高 294 尺约 98 米，高、宽都在 80 米以上。

除了向高发展外，木构建筑还尝试向大发展的可能性。初唐大明宫的麟德殿。殿身就有 164 根柱子，加上廊柱，有 204 根之多，面积有今太和殿的二倍之多。唐高宗总章二年（669）治建明堂，也有 128 根柱

隋唐洛阳城明堂遗址

之多。而隋代洛阳之乾阳殿，也是一座相当高大的建筑，从地面至鸱尾高约90米，“其柱大二十四围”。

以木构建造的个体建筑，在这一时期，可说是在向高与大发展方面，达到了高峰。

另外一座高层木塔是开宝年间建造的开宝寺塔，高度一说360尺（约120米），一说260尺（约86米），以260尺（约86米）计，也有80多米。

应县木塔，是这一尝试的最后一座遗存。宋、金以后，建筑已不再追求向高与大发展了，更加注意的是建筑物的群体空间效果。原因可能是两个方面，一是受经济与木材来源的约束；一是过于高大的木建筑，既不实用，又耗费过多的财力、物力，还容易引发雷火导致焚毁。

木构建筑的技术，在这一时期都得到了长足的进步。以高层建筑为例，早期高层木建筑的建造，要解决结构问题往往靠加塔心木。中国古代历史上记载的早期木塔，多是有塔心木的。现存日本飞鸟时期的木塔，如法隆寺塔、药师寺东塔等，都有塔心木。塔心木的使用，在木构建筑中究竟延续到何时，尚不确切，但从唐武则天营洛阳明堂，用大木十围，通贯上下来看，塔心木的结构方法在当时还很流行。

宋初开宝寺塔的结构不清楚，可能已启不用塔心木之端。独乐寺观音阁，可说是利用内外槽之双套筒式结构，发展多层或高层木构建筑的较早实例。而应县木塔，则是现存所知这种结构的一个高峰。这种结构克服了塔心柱的弊病，既争取到了建筑中部空间（这种空间可以上下通连几层，如观音阁中部的空井），又使结构更加合理与完善。

较早的辽代建筑，如独乐寺观音阁、应县木塔与善化寺普贤阁，在向多层发展时，往往需要加一些暗层，以解决立面与内部结构和空间的矛盾，并对结构起到一定的加强作用。但宋代的隆兴寺转藏殿与慈氏阁，已标志着一种更加先进的结构技术。结构随建筑的使用空间而灵活变化，多层建筑之暗层没有了，整个结构大胆合理，空间利用充分，可说是结构与建筑空间的完美结合。

这些都标志着木结构技术的不断发展。

第二节
斗拱与唐、宋建筑风格

>>>

一、斗拱的发展

中国木构建造中最为特殊的部分——斗拱，正是在这一时期逐渐成熟完善，并走向其反面的。

初唐时建筑的斗拱虽然已经相当完善，但是还存在几个方面的问题。其一就是补间铺作的问题。初唐乃至盛唐时的建筑，都没有补间铺作，两柱之间，仅在柱头之间加人字拱与斗子蜀柱，使补间位置的挑檐成为结构上的一个薄弱环节。

中唐的南禅寺大殿还没有补间，甚至五代末、北宋初之华林寺大殿，除在正面加补间外，两山与后檐都没有补间。

晚唐的佛光寺大殿，已经可以看到现知最早的，使用出跳之补间铺作与柱头铺作共同承檐的例证。宋代补间铺作的发展日渐完善，无论是尺寸还是外观、构造都与柱头铺作没有太大的区别。在辽、金北方的某些地区，有些建筑的补间铺作甚至常常做出 45° 或 60° 之斜拱式样，较柱头铺作更为华丽，如山西大同善化寺辽代的大雄宝殿和金代的三圣殿。不过，斜拱对于建筑自身的结构并无太大裨益，其装饰意图较结构作用更为明显，已开始变为多余的装饰性的构件，因此反有累赘、烦琐之嫌，最终也未能流传下来。

其二是转角铺作的问题。隋与初唐时，木建筑转角只有 45° 方向伸出的斗拱与昂、承角梁，没有列拱与列拱上的昂。现日本飞鸟时代的建筑，如法隆寺塔等，仍存这种结构。而唐代总章二年诏建的明堂，就是采用了转角仅出 45° 角昂的做法，但转角出跳更大，承受的重量更大。所以不加强转角铺作，已成为问题。两宋、辽、金建筑的转角铺作已比较完善、丰满，如大同善化寺之大雄宝殿及华严寺之大雄宝殿，均为转角铺作附角斗加铺作一缝，无论于观瞻还是于功用都大有裨益。

佛光寺角翘

此外还有角翘问题。唐以前檐部多是平直无角翘的。有人认为角翘的出现是唐代的事情。角翘的使用，显然是因为檐之转角重量大，为与之平衡，须将角梁尾压在平梁之下（原来可能是其上或相接）。将角梁后尾向下压，则角梁端部必然上翘。转角之檐部最易下沉，而通过角翘事先将转角檐部举高，即使以后微有下沉，也不妨外观。这与建筑之举折使屋顶事先呈凹线，将来即使屋面下沉有凹，也不妨外观，有异曲同工之妙。

这一时期在铸造技术（如造天枢、造九州鼎）、预制拼装技术（风车行殿，行城）和施工速度（唐翠微宫，九日而完）等方面，也都达到了相当高的水平。

二、建筑装修与建筑风格的发展演变

这里所说的建筑装修，包括瓦饰、砖石雕饰、小木作装修、彩画等。

以瓦饰论，瓦的使用，远在西周时就已经出现，由纯功用，而渐有装饰的意匠，如瓦当之饰。

隋与初唐的宫殿建筑还以灰瓦、黑瓦为主，并开始少量使用琉璃瓦。如初唐所建之最高等级的建筑——大明宫含元殿，只是用黑陶瓦、

五台山金阁寺

绿琉璃脊与檐口剪边。到了盛唐时，所造的兴庆宫内琉璃瓦已较多使用，并有黄、绿两种颜色，瓦当式样也非常丰富。

此外，唐代还有用木做瓦，外涂油漆（如武后明堂），或镂铜为瓦，或“铸铜为瓦，涂金瓦上”（五台山金阁寺，代宗时）等作法。

宋代琉璃瓦饰之运用已经相当普遍。从北宋开封祐国寺的琉璃塔已可看出北宋琉璃的烧制技术与镶嵌技术。

再看门窗。唐代建筑的窗子以直棂窗为主，一般也不糊纸，外观显得古朴简洁。连记载中当时最尊贵的建筑——总章二年诏建的明堂也是用直棂窗。门及隔扇已由简单的板门，转变为或在门扉上部装较短的直棂窗，或将隔扇分为上、中、下三部分，而上部较高，装直棂以便采纳光线[①]。但是到了中、晚唐至五代，门窗的装修形式已经相当丰富，如唐咸通七年（866）的山西运城招福寺禅和尚塔已有龟锦纹窗棂，五代末年的虎丘塔又变为球纹。两宋、辽、金建筑则普遍使用隔扇门、隔扇

① ［唐］李思训《江帆楼阁图》。

窗，以代替板门和直棂窗。而且，槅心部位的花纹更为空灵通透，如朔州崇福寺的金代弥陀殿，有三角纹、古钱纹、球纹等多种窗棂雕饰。

栏杆式样也趋于纤丽多样。早期的栏杆称勾栏，有直棂、卧棂、斜方格、套环等若干形式。南北朝时期出现了勾片阑板，如山西大同云冈石窟所见之勾栏，已与宋《营造法式》中的式样相去无几。至于唐代，勾栏式样未见大的改观，仍以卧棂较为多见。宋代勾栏实物极少，按《营造法式》所示，有单勾栏与重台勾栏两种，而以单勾栏较为常见，式样明显较前代华丽。辽、金建筑如蓟县独乐寺观音阁、应县木塔、华严下寺薄伽教藏殿之壁藏，尚有勾栏实物遗存，均为镂空木板制成，种类很多，有T字形、亚字形、勾片、十字形等多种形式，非常精美。

小木作的装修水平，还可以从两宋、辽、金建筑纤秀、细密、华丽的藻井与转轮藏、藏经壁藏等小木作的造型上看出来，如应县净土寺大殿藻井、山西大同华严下寺薄伽教藏殿的壁藏与天宫楼阁、晋城二仙庙佛道帐、四川江油云岩寺飞天藏、正定隆兴寺转轮藏殿之转轮藏等。

除了木作、瓦作以外，石作也有同样的倾向。前面提到宋代石塔已有极细致的石刻浮雕人物、动物、云纹等。其实中、晚唐就开始使用覆莲柱础，辽、宋时更为流行，有的甚至柱身上也布满了纤细的浮雕，如登封少林寺初祖庵的柱子与苏州罗汉院内的宋代石柱就是如此。按《营造法式》所载，宋代发展出了一套完整的对石材进行加工和艺术表现的成熟作法，如石料加工被具体、详细地总结为六道工序，即打剥（凿去石头上凸出的部分）、粗搏（使表面大致平坦）、细漉（使石头表面基本上比较平整）、褊棱（将边缘凿整齐）、斫砟（使表面完全平整）、磨砻（用砂石和水将石材表面打磨光滑）。至于艺术加工，宋代石刻按照雕刻起伏的程度又分成四种，即剔地起突（高浮雕）、压地隐起华（浅浮雕）、减地平钑（线刻）和素平。具体到花纹，又各有程式化的样式，如海石榴花、宝相花、牡丹花、蕙草、云纹、水浪、宝山、宝阶等。就连柱础雕饰也有铺地莲花、仰覆莲花和宝装莲花等不同种类。这些周密而又细致的规定，显然是在总结了以往石雕经验的基础上形成的，其本身就说明了石作技术和艺术发展所达到的水平。

然而，上述这些规定在有利于保证石雕质量和艺术风格协调统一的

苏州罗汉院

同时，也在不知不觉中束缚了石雕艺术的不断深入发展，使之渐趋僵化、呆板，成为程式化的产品，不若汉、唐石刻之从容奔放，挥洒自如。

建筑色彩与彩画的运用，一向为建筑装饰之重要组成部分。唐代建筑墙壁仅涂白灰，木构架一律为朱色，即便是最尊贵的含元殿亦不过如此而已，因此整体的色彩感觉非常质朴明快。宋代彩画中的“七朱八白”就是保留了唐代建筑的遗风。

五代时，室内外装饰彩画已渐繁缛，如五代吴越钱氏宫殿，据记载为“雕焕之下，朱紫冉冉”。宋代彩画变得华丽起来，有五彩遍装、碾玉装、青绿叠晕棱间装、三晕带红棱间装、解绿装、解绿结华装、丹粉刷饰、黄土刷饰、杂间装等 9 种。其中五彩遍装之彩画最为华丽，其做法是以青绿迭晕为外缘，内底红色，上施五彩花纹；或者是朱色迭晕为外缘而内底用青。凡用此种彩画者，所施遍及柱身、斗拱、梁枋，极为绚丽多彩，而福州华林寺大殿的各层枋子上，更做出不同的团窠雕饰。

从建筑物的外形上看，从唐至于辽、宋，建筑的举折渐趋高峻，配合屋檐角翘之弯曲，以及屋脊的弯曲，使建筑的外形渐渐趋向于柔和，圆润与纤弱。

建筑物的立面轮廓，也由于在不同方向出龟头殿，丰富了屋脊形式（如十字屋脊等），而富于变化。加之建筑中大量使用雕刻细致的隔扇，使整座建筑又变得通透。所以丰富、轻盈、通透、华丽、纤细、柔和等，都可以用来形容宋代建筑的风格。这是与唐代建筑截然不同的一种建筑风格。

而隋、唐建筑的风格，则是质朴、雄壮、浑厚、遒劲、舒展，给人一种感人的气势。隋、唐建筑的这种风格，也是从各方面体现出来的，诸如个体建筑体量非常之巨大（如前所述）；建筑群围合空间之广阔（如含元殿至丹凤门就有600米）；此外广场、街道、里坊，乃至州郡的府邸建筑，其空间、体量都很气派。正如清人顾炎武在《日知录》中所说的，“予见天下州之为唐旧治者，其城郭必皆宽广，街道必皆正直。廨舍之为唐旧创者，其基址必皆宏敞，宋以下所置，时弥近者制弥陋”。

唐之汴州州治为宋沿用而作大内；宋之帝王陵寝只与唐永泰公主墓的尺寸相当，由此已足可见唐、宋两代建筑尺寸的变化。唐、宋建筑的外形轮廓、细部装修上的差别，前文已详述，从中亦可看出二者风格的不同。那么这种不同的原因何在呢?

在这里，唐、宋建筑已不只是一个时期的概念了，而同时亦是不同建筑艺术风格的概念。唐之建筑重质，重气势，外观古朴、厚实、雄浑，气魄恢宏；宋之建筑重文，重装饰，外观轻盈、纤秀、华丽，似有玲珑剔透之感。宋之建筑在结构上更严谨，更合理，也更加程式化；而唐之建筑则具有一种一笔挥就的动人气势。

究其原因，大概有以下几个方面的因素。

一是社会经济与生产力的发展变化所致。若不论先秦，中国封建社会有三个重要的转折点，一是魏晋，一是中唐，一是明代中叶。其中，中唐之转折点尤为重要，它标志着中国封建社会由前期向后期的转移。

其特点是：以两税法代替租庸调；以庄园制代替授田制；以实物地租代替劳役地租；世俗地主的地位愈益提高；门阀士族地主的势力日渐消亡；农民对于地主的人身依附关系日渐松弛等。这些都有利于社会生产力的发展，所以在中、晚唐虽然政治日益腐败，但社会生产力与社会经济仍都在持续地发展，以致酿就了北宋一片繁盛的景象。也正是因此，宋代的建筑材料、建筑技术和装修工艺都有了长足的发展。

二是不同时代统治阶级的提倡，及当时社会的主要艺术倾向所致。隋、唐之前，在中国土地上割据存在的几个不同的贵族集团，已经显露出不同的好尚，反映出不同的审美观点，如唐人柳芳所言，“山东之人质，故尚婚娅”“江左之人文故尚人物”“关中之人雄，故尚冠冕”“代北之人武，故尚贵戚”。隋、唐两代统治者都是关陇集团的人物，以关中人之“雄”与山东人之“质”为主要好尚。统治阶级的好尚，对于这一时代的好尚有很大影响。据史书记载，隋开皇四年，隋文帝下诏要“公私文翰，并宜实录”，原因是“江左齐梁”“崇尚文辞，遂成风俗”，“其弊弥甚，竞一韵之奇，争一字之巧，连篇累牍”，“故其文日繁，其政日乱”，而“隋主不喜辞华，故有是诏”。

对文学的好尚与对建筑的好尚，在一定意义上是相通的。其实在当时的江南地区，建筑与文学艺术及士族风俗一样，已有绚丽之风。如六朝时营建建康，就已经以“纡余委曲，若不可测”为美，而并不强调规矩准绳（即街道之平直）。隋炀帝巡幸江都，江南工匠项升造迷楼，“楼阁高下，轩窗掩映，幽房曲室”，一反隋代宫殿雄阔质朴之风，这也反映出江左一带与中原关陇一带，很早就有了不同的审美趣味与鉴赏习尚。

中唐以来，整个社会的艺术风尚渐趋世俗化，而随着帝国经济日益仰仗江南供给，以及南北工匠的交流日益增多，建筑之风格演变已见趋势。至于唐末五代战乱之际，中原建筑的发展延缓，与此同时，江南一带的一些割据小国如吴越、南唐、闽等，相对比较稳定，经济也有所发展。所以，北宋之初在经济、文化许多方面都要依赖这一带的基础。如北宋佛教，主要是在曾大力提倡佛教的吴越、闽等国旧有的基础上发展。日本人到中国要写仿的“五山十刹”，都在江南一带。而当时北宋汴梁的建筑，也大量使用江南一带的工匠。例如喻浩就是浙江人，本是

净慈禅寺

净慈寺位于西湖南岸，是西湖历史上四大古刹之一，中国著名寺院。因为寺内钟声洪亮，所以“南屏晚钟”成为西湖十景之一。净慈寺近城临湖，踞南山之胜，宋为其鼎盛时期，人文荟萃，儒释交融，与灵隐寺相埒。

吴越国的著名工匠，后来被北宋人称为“国朝以来一人也”，他所著的《木经》还曾流行一时。

所有这些，都互为因果地促使着宋代建筑向着与唐代质朴雄阔风格相反的方向发展，渐渐走向柔和绚丽。

此外，与宋代建筑并存的同一时期的辽、金建筑，则各有特点。辽代立国较早，曾征用大量北方工匠进行兴建，所以较多地继承了唐代风格，故人称唐、辽风格。当然辽之建筑与初唐之建筑风格已相去甚远，但是较之宋代还存有较多的唐风。金代建筑在据有北宋汴梁以后，更多地吸取了宋代建筑的精华，所以也承续了宋代建筑绚丽纤柔的艺术风格。但同时由于也受到辽代建筑的一定影响，所以于纤细中又有一些不受拘谨的粗犷，如大同善化寺三圣殿、正定华塔等就是如此。

第九章

雕　塑

9

两宋辽金时期，在我国古代雕塑艺术的发展过程中是一个很重要的阶段，是继隋唐时期雕塑艺术空前繁荣之后，艺术风格向世俗化、多样化发展的时期。宗教题材的雕塑仍然是这一时期雕塑艺术的主流，在当时的社会生活里，宗教艺术表现出很强的世俗化倾向，宗教造像普遍注重刻画个性特征，人物形象越来越生活化，而注重对现实生活的刻画也正反映出当时的雕塑艺术达到了新的更高境界。

陵墓前的大型仪卫性雕刻在式样上基本沿袭唐代，而作品本身却不如唐代雄健奔放；在重要建筑物的平面布局中配置狮子题材的雕刻，在两宋辽金时期也极为常见，不少作品达到了相当高的艺术水平。这个时期俑的创作总体来说已经处于逐渐衰微的过程中，但是仍然有不少新的特点，出现了很多描绘现实生活的优秀作品。

第一节
佛教雕塑

>>>

石窟造像，两宋辽金时期佛教在社会上又盛行起来，开凿石窟、塑造佛像这一风气在当时也得以延续，虽然和南北朝、隋唐时代那种大规模开窟造像的热潮相比明显是冷落下来，但在有的地方还保持很大的规模，其中尤以四川、陕北和浙江的杭州为甚。在其他很多地方也都有过开窟造像活动，比如在宋归义军节度使曹氏统治下的甘肃敦煌莫高窟和安西榆林窟、甘肃天水麦积山石窟、河南洛阳龙门、山东历城佛惠山、临朐仰天山、江西赣州、福建泉州、漳浦、晋江等地；辽金统治下的北方地区，也有过石窟开凿活动，如内蒙古赤峰洞山、巴林左旗前后昭庙及山西吉县挂甲山等地。

陕北一带地处北宋对西夏用兵的前线，而遍布于此的石窟也多开凿于这一战乱时期，其中延安清凉山万佛洞和黄陵县的万佛洞较为著名。此外，在安塞县的石子河、龙岩寺，志丹县的北钟山，富县的川子河、川庄、阁子头寺、韩村等地，都有大量的宋代石窟雕刻遗迹。据统计，陕北地区宋代的石窟、摩崖造像共有 80 余处。

陕北地区的宋代石窟有很鲜明的时代特征和地方特色，石窟多呈殿堂式的布局，主像布置在窟中央的佛坛上，洞壁上遍布浮雕造像；佛像的造型不严格遵循通常的佛教造像规范，因而显得更加亲切自如。

延安清凉山万佛洞石窟是陕北地区最为精美的石窟。它位于延安城东的清凉山西麓，现存 4 窟，大约开凿于北宋神宗元丰元年（1078）以后。洞中央设佛坛，窟壁遍刻千佛，间以佛传故事，人物造型写实而富有变化，场面组织生动自然，表现出很高的艺术水平。其中一尊菩萨坐像非常特别，不是结跏趺坐而是采取盘腿的姿势，双手置于膝上，看起来更像现实生活中的女子。

黄陵县万佛洞石窟位于县城西 48 千米处，开凿于宋哲宗绍圣二年

延安清凉山万佛洞

延安清凉山万佛洞石窟依山而建，山上保存有自隋唐至清代的各类石窟，其中借山势而凿的万佛洞是最大的石窟，窟内四周墙壁上雕刻有神态各异的大小佛像万余尊。

（1095），窟内造像众多，中央佛坛为三世佛，平面呈品字形；窟右壁3尊立佛，各高3.15米，形体虽大但比例适度，人物形象饱满，衣纹起伏自然；窟左壁前侧有一尊高2.55米的药师佛；窟后壁为五百罗汉及一百徒众浮雕造像。甬道南北壁有日光菩萨、月光菩萨，相对而立，两菩萨面相丰满圆润，表情肃穆。甬道北壁中部有浮雕佛涅槃图，释迦在双林下枕手而卧，表情安详；众弟子在周围捶胸顿足，痛不欲生；上方云端里摩耶夫人挟两侍女，注视着下面发生的一切。整个画面气氛热烈，或悲痛，或安详，产生了强烈对比。甬道南壁中部为佛说法浮雕，众弟子凝神倾听，形态各异，气氛庄严和谐。窟前壁甬道口上方，还有千手千眼观音，其左为文殊、普贤、地藏、观音，右为释迦、西方三圣、十方立佛，各自面相丰腴、表情恬静自如，造型统一中略有变化，衣纹处理手法简练流畅。

黄陵县万佛洞石窟虽然只有一窟，但拥有如此众多的造像，而艺术水平普遍很高，是宋窟中不可多得的珍品。值得注意的是洞中还有这样的题记："绍圣二年九月八日，鄜州人介瑞等镌并工"，并有题诗："四合山行如抱曲，为僧凿洞苍岩腹，勤劳不辍二十年，佛像才成莹赛玉"，从中我们可以得知，当年的雕刻匠师花费了二十年的心血，才创作出这样杰出的艺术作品。

子长市的北钟山石窟，开凿于北宋英宗治平四年（1067），其佛像的雕刻手法朴实细腻，也很有代表性。窟中央为佛坛，雕三世佛像，各有弟子菩萨。洞壁遍雕千佛及大小不等的佛、菩萨像与佛传故事，场面布置得既丰富生动又秩序井然。此窟佛、菩萨像的个性塑造极为精彩：胁侍菩萨微扭腰肢，重心偏向身体一侧，姿态婀娜；观音坐像形体饱满、粗壮朴实，宛如年轻的农家妇女；迦叶则显得老练深沉，极富阅历。

四川自古就是开窟造像非常集中的地区，南北朝时期就有石窟开凿，至唐代达到鼎盛，在宋代开窟造像的活动仍然十分活跃，比较著名的宋代窟龛造像有安岳的圆觉洞、华严洞，富顺的罗浮洞，广元的千佛崖，资阳的古佛寺，荣县的大佛崖、罗汉洞、千佛崖，绵阳的石造像，大足的北山、宝顶等。其中荣县大佛崖的大石佛高 36 米，是国内仅次于乐山唐代大佛的第二大石造像；而大足北山的佛湾和宝顶的大佛湾造像，则集中代表了四川宋代佛教雕刻所达到的高超水平。

北山距大足城 2 千米，这里的开窟造像活动始于晚唐，经五代两宋的经营，在以佛湾为中心的北山四周高约 7 米、全长 300 米的石崖上，共形成了 292 个窟龛、4 360 躯造像，从而成为一个规模庞大的石窟造像群。宋代的造像在其中占主要地位，成就也最为突出。

在这些造像中，艺术水平最高的当属第 136 窟，其规模之大，雕刻之华丽令人叹为观止。该窟开凿于南宋绍兴十二年至十六年（1142—1146），窟内主要造像有 20 余尊，正壁中央为释迦，坐于莲台之上，左为迦叶、观音，右为阿难和大势至；左壁由外而内排列着如意珠观音、玉印观音和文殊菩萨；右壁依次为数珠观音、日月观音和普贤菩萨。这些菩萨像姿态各异，而又个个端庄华丽、雍容典雅，气质超凡脱俗。文殊、普贤二菩萨的面部表情极为生动：文殊多才善辩，因此被刻画得目光犀利、神情自负；普贤性格温和，则表现出恬静、文雅的神情。

北山第125龛的数珠观音和113龛的水月观音的形象，体现了当时人们心目中对完美女性的美好向往。数珠观音左手轻搭在右手腕上，略微侧身而立，身躯窈窕，姿态婀娜，袒胸露臂，裙带飞舞，宛如一位妩媚的妙龄少女；水月观音头戴宝冠，秀发披肩，倚石壁屈腿而坐，姿态优雅。这二尊观音像的背景处理都很洗练，越发衬托出雕像本身的细腻精美，手法非常高超。

宝顶山石窟位于大足城北15千米处，由南宋僧人赵智凤募化修建，自淳熙六年至淳祐九年（1179—1249）共历时70年。石刻造像主要集中于宝顶大佛湾。大佛湾的东、南、北三面都是高10余米的崖壁，平面呈“U”字形，全长500米。雕刻的形式主要是摩崖造像，很少有采用窟龛的。和国内其他石窟相比，大佛湾造像的一个明显特点就是虽然造像的数量众多，大小造像共有万余尊，且题材种类繁多，但是由于事先经过了统一安排和布局，因而显得井然有序，毫无重复杂乱之感，这在其他大规模的石窟群中是见不到的。

大佛湾造像

大佛湾造像的另一个明显的特点，就是以大型佛传、经变雕刻为主，共有19组经变、佛传雕刻，衔接自然，因而整个摩崖造像群实际上变成了一个大型露天佛教信徒的俗讲

大足石刻　十王地狱变

道场。一般来说，石窟造像都以分散于各窟的独立的佛像为主，而经变、佛传雕刻往往在窟壁中处于陪衬地位。但在大佛湾，经变、佛传雕刻占据了主导地位，不仅规模空前，而且内容极为丰富多彩，每组造像还往往刻有相应的经文偈语，宣传性很强。

大佛湾造像还有一个很重要的特点，就是在宣扬佛教主题的同时，对现实生活加以着力刻画，这是在其他石窟造像中很难见到的，也是大佛湾造像艺术的难能可贵之处。例如，在“十王地狱变”中，雕刻出了一个养鸡女的形象，她神态安详平和，面貌朴实善良，正在打开鸡笼，一只鸡探头正要爬出笼外，笼外另外两只鸡正争啄一条蚯蚓，完全是一幅生动的农家生活场景，与周围残酷的地狱场景形成了鲜明对比；在“父母恩重经变”中，刻画了许多父母抚育子女的生活场景，如“咽苦吐甘”中，母亲抱着手拿甜饼的幼儿；“推干就湿”中，母亲在床上为酣睡的孩子把尿，而自己却甘心躺在湿处，这些真实动人的生活场景，表现出父母对子女的深厚感情；“牧牛道场”中塑造了牧童和牛的形象，牧童或紧牵缰绳，或挥鞭赶牛，或并坐亲昵、攀肩谈笑，或悠闲吹笛，而牛儿或伏石饮水，或舔食垂叶，分明是一首美妙的田园诗。

从造像的技法来看，大佛湾的作品多注重整体氛围的塑造，而手法较为朴实豪放，较少琐碎细腻的雕琢，因而也避免了宋代雕塑过于繁复的做作之气，显得更加清新自然，更加贴近朴素的现实生活。

宋代的石窟造像除了上述的陕北、四川外，在杭州西湖飞来峰及烟霞洞等处，也有一些作品遗存下来。辽代也曾经开凿过一些石窟，如开凿于辽乾统三年（1103）的内蒙古赤峰千佛洞，但造像大都湮灭，仅余少数小佛像和飞天浮雕；后昭庙石窟共有 3 窟，刻有佛、菩萨、力士、弟子及契丹族供养人等，此处还有大约开凿于辽统和二十三年（1005）的朝阳千佛洞，有大小数十洞窟。

寺庙塑像，在两宋辽金时期与开窟造像相比，寺庙的修建和寺庙塑像的塑造活动则要兴盛得多。这时期较为重要的寺庙塑像有河北正定隆兴寺的铜铸千手千眼大悲菩萨像（宋开宝四年，971），四川峨眉山万年寺的普贤骑象铜像（太平兴国五年，980），山西晋城青莲寺的佛、菩萨塑像（宋），江苏苏州市吴中区保圣寺的 16 罗汉残壁（约大中祥符六年，1013），山东长清灵岩寺的 40 躯罗汉像（大多约造于嘉祐六年，1061），广东曲江南华寺木雕五百罗汉（庆历五至七年，1045—1047），天津市蓟州区独乐寺 11 面观音菩萨及胁侍菩萨、护法金刚力士塑像（辽天禄二年，948），辽宁义县奉国寺的七佛、胁侍菩萨及天王像（辽开泰九年，1020），山西大同下华严寺的佛、菩萨、天王像（辽重熙七年，1039），山西五台山佛光寺文殊殿的文殊菩萨及胁侍塑像（金天会十五年，1137），山西大同善化寺的五方佛以 24 诸天塑像（金皇统三年，1143）。

河北正定隆兴寺的大悲菩萨像是我国现存最大的铜造像，通高 21.3 米，下有 2.2 米高的石须弥座。此像原有 42 手，故又名千手千眼观音，现除了当胸合掌的双手外，其余 40 手都是后补的木手。整尊像比例匀称、颀长，衣纹的处理极富装饰性。唐代中期以后盛行塑造高大的佛像，这尊菩萨与辽代的天津市蓟州区独乐寺观音阁的 11 面观音像，就反映了这种风气在当时的影响。

宋代在罗汉像的塑造方面取得了很大的成就。隋唐时，多为独立的罗汉像，后来又发展出五百罗汉这种形式，据记载，唐代雕塑大师杨惠之曾经在河南广爱寺塑五百罗汉。到了宋代，造五百罗汉像已经变得非常普遍，根据记载和现在的实物，有浙江天台山寿昌寺五百十六罗汉（雍熙元年，984 年），河南辉县市白矛寺五百罗汉（大中祥符元年，1008），广东曲江南华寺木雕五百罗汉，四川阆中香成宫五百罗汉（宣和二年，1120），此外南宋时的杭州西湖云林寺、净慈寺皆有五百罗汉像。不过令人遗憾的是，除了广东曲江南华寺保留了部分罗汉像外，其他的都已不存在了。从现存的山东长清灵岩寺的 40 躯罗汉像和江苏苏州市吴中区保圣寺的 16 罗汉残壁，我们大约可知当时罗汉造像的水平。

长清灵岩寺的 40 躯罗汉像中，有 27 尊可以肯定是宋治平三年（1066）的作品。这些罗汉有的年老、有的年轻，有的健壮、有的清瘦，有的深目高鼻具有印度人的体貌特征。他们并列坐在坛上，姿态各异：有的闭目坐禅，有的促膝交谈，有的结印修持，有的扬手辩论，有的洗耳恭听，有的在穿针引线。面部表情也非常丰富：有的戚然，有的忿嗔，有的忧郁，有的温婉，有的傲倨，有的紧张，有的疑惑，有的平和。通过对手势、坐姿、表情、服饰等的处理，这一组罗汉像个个栩栩如生、活灵活现，而每一尊像在人体比例和结构的把握方面都非常准确，显示出相当高的技艺。

苏州市吴中区保圣寺原有 16 尊罗汉像，1927 年因大殿半壁坍毁，现只剩 9 尊。这些罗汉像起初被认为是唐代雕塑大师杨惠之的作品，后来经过研究鉴定，确定是宋塑。保圣寺罗汉像的特点是塑像散置在山水塑壁之中，以高浮雕塑出奇峰怪石、波涛汹涌的大海，显得波澜壮阔、气势不凡。这些罗汉像也都是体态形貌各具特色，其中有两尊像格外引人注意，一尊头戴风帽，瞑目而坐，双手笼入袖中，正沉浸在禅定的状态，俗称“梁武帝”，他的面貌非常写实：眼眶深陷，鼻大而两翼扩张，双唇紧闭，面颊肌肉清晰，而身体部分的处理却非常写意，手法洗练，因而整体造型显得简洁有力；另外一尊则是一副梵僧的模样，左手

济南长清灵岩寺罗汉像

撑座，右手抚膝，头微微昂起远眺，好像在期待什么。保圣寺罗汉像的衣纹处理都很有特色，以圆弧线为主，流畅婉转，如行云流水，极有韵律，和背景的山石流水非常谐调。

天津市蓟州区独乐寺的观音阁建于辽代，里面的11面观音菩萨及胁侍菩萨都是当时的原作。观音像高16.27米，胁侍菩萨高3.05米，都属于那个时代的巨型造像。观音像头上又有10个小观音头像，故称十一面观音。其面庞丰满，眉眼细长，表情略带笑容，而身躯前倾，衣纹向后飘动，既有动感又可以避免变形的错觉，非常适合巨像在视觉处理上的需要。

下华严寺的薄迦教藏殿建于辽兴宗重熙七年（1038），里面有大规模的塑像群，多为辽代的作品。其中的佛、菩萨像面相丰满，鼻梁挺拔，嘴唇肥厚，有较多唐塑的影响，同时又具有明显的辽代风格。尤其是菩萨像，面庞圆润，体态丰盈，却又端庄矜持，不似唐塑那般妩媚。

最为特别的是一尊“合掌启齿”菩萨，赤足而立，腰肢微扭，姿态优美自然，而双目微闭，嘴巴轻轻张开，露出一排皓齿，这样的面部造型是非常独特的。这些辽塑的塑造技艺高超，对不同质感的表现非常充分得体，如肌肤的光滑细腻、织物的柔软轻盈、珠宝的细致精巧等，说明辽代的雕塑已经十分接近当时内地的水平。

第二节

道教雕塑及祠庙造像

>>>

两宋辽金时期，道教一度取得了很高的社会地位。随着宫观的大量兴起，道教造像也盛极一时，不过现存的只有太原晋祠圣母殿塑像群和苏州玄妙观的三清像等少数几处。和佛教一样，道教徒在当时也开凿石窟造像，主要集中于四川一带。

晋祠圣母殿建于北宋天圣年间（1023—1032），崇宁元年（1102）重修，殿内的43尊塑像应是重修时的作品。塑像包括主像圣母、5个宦官、4个女官和33个侍女。圣母坐在殿中木制神龛内的凤椅上，头戴凤冠，身着蟒袍霞帔，仪态端庄富贵；侍女手持各种日常用具，分列两侧。她们的年龄、性格都有微妙的差别，姿态神情各具特色：有的喜形于色，有的心事重重，有的天真无邪，有的顾影自怜，非常精彩生动，真实地再现了宋代的宫廷生活场景，是宋塑中不可多得的珍品。

宋代的道教石窟造像多在重庆市大足区，有南山、舒成岩、石门山、石篆山、妙高山等大小十几处窟龛。南山和舒成岩纯粹是道教造像，石门山、石篆山则是儒、释、道三教窟龛杂陈。

南山现存6个窟龛，造于南宋绍兴年间（1131—1162），有四五百尊造像，其中的真武洞、圣母洞、三清古洞和龙洞四个窟龛较有代表性。三清古洞是南山规模最大、雕像最多的洞窟，宽 6.3 米，深 5 米，高 3.8 米，洞内正中开凿出直通窟顶的方柱，正面为一大龛，分两层置雕像：正面的上层为玉清、上清、太清三尊主像，其两侧有金童玉女；左右两龛壁上、下层分别为帝王、后妃、侍者。方柱的两侧与洞窟的左、右壁及后壁的上部有 233 尊浮应感天尊像。

南山圣母洞的正壁刻着三尊圣母像，凤冠霞帔，端坐龙椅上，雍容华贵；两侧有两尊侍女立像，左、右壁分立武士像和九天送生夫人像。圣母及侍女像雕刻手法洗练，线条简洁有力，造像风格非常接近同时期的佛教造像。

舒成岩现存 5 龛造像：淑明皇后龛、东岳大帝龛、紫微大帝龛、三清龛、玉皇大帝龛，大约开凿于绍兴年间。东岳、紫微、玉皇三龛水平较高，造像雕刻技艺纯熟，衣纹处理自然，质感很强。

第三节 仪卫性雕刻

>>>

中国古代很早就有在重要建筑、陵墓前设置仪卫性雕刻的传统，这是用为加强纪念性和塑造庄严气氛的一种很重要的手法。两宋辽金时期在这方面的主要作品有北宋帝陵雕刻、太原晋祠鱼沼飞梁东桥头的一对铁狮子（宋宣和八年，1118）、移置于石家庄烈士陵园的一对铁狮子（金大定二十四年，1185）。

北宋的帝陵制度大体继承了唐代的传统，在陵墓前设置仪卫性的石像生，模仿立朝的班列仪仗，并有外国使臣、珍禽异兽，制造出威震四方、万国来朝的繁盛景象。宋陵石像生的布置方式，在前面第六章《陵墓》中已经提到。需要指出的是，有雕刻的题材上，宋陵与唐陵还是有

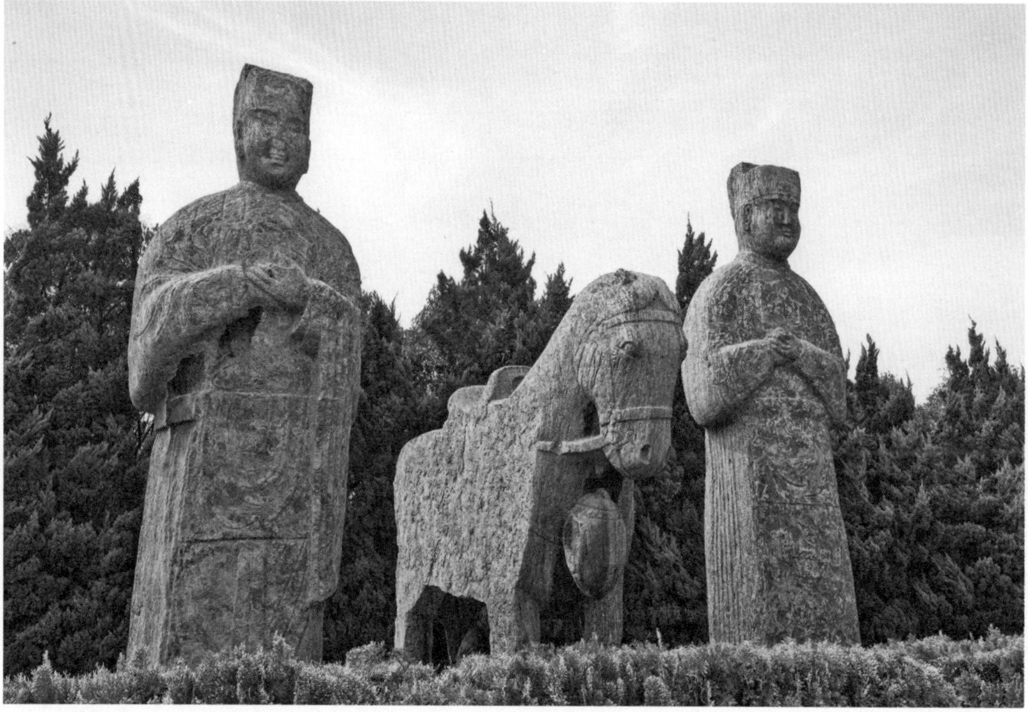

宋陵石像生

所区别的：仗马、武将、文官、狮子都是唐陵固有的；虎、羊在唐代一般用于贵族、大臣墓，而在宋陵中却普遍使用；唐陵中的翼马在宋陵中由象和角端代替；高浮雕的鸵鸟在宋陵中变成了马首鸟身凤尾的瑞禽石屏；唐陵中的诸蕃君长雕像群在宋陵中固定为六尊纳贡使臣；此外传胪、内侍则为宋陵独有。

陵墓雕刻的安排方式主要是为了满足仪卫的需要，有严格的规范要求，不能随意自由发挥。就宋陵雕刻的整体氛围来说，显得严谨肃穆，布局紧凑，丝毫没有空荡的感觉，因此是比较成功的。但是单个作品往往缺乏大型室外雕像群应有的雄浑豪迈之气，在这一点上，大多数宋陵雕刻作品的水平是远远不及汉唐陵墓的。当然也有个别优秀作品，比如永泰陵的大象，浑厚坚实；永裕陵的狮子威风凛凛，永熙陵的石羊则健壮挺拔，眉眼间神采奕奕。

石家庄烈士陵园的一对金代铁狮子，是两宋辽金时期同类雕塑中最为杰出的作品。这对狮子的姿态雄健有力：它们后肢蹲坐，昂首耸躯，外轮廓呈现出异峰突起之势，与常见的立狮、蹲狮明显不同；雄狮右前肢按地，左前肢举起，抚着怀中的绣球，虽然口衔绶带，项挂串铃，却丝毫不改凶猛之野性；雌狮则抚着怀中跃跃欲试的幼狮，野性中又有母性的温柔。这对狮子虽然体量不是很大，但是作为建筑平面布局的一个组成部分却显本出足够的分量。

此外，还有一个与建筑物完美结合的建筑装饰雕刻的范例，就是位于北京丰台的卢沟桥的石狮。桥建于金大定二十九年至明昌三年（1189—1192），长 235 米，横跨永定河。桥上两侧的 80 根石柱上，雕刻着许多各具不同姿态的石狮子。尤为有趣的是，几乎每个母狮子的身旁、腹下或后背上都附有数目不等的小狮子，或隐或现，出没不定，让人很难数得清楚（现认为共计 501 个石狮子）。

第四节
俑及小型玩赏雕塑

>>>

俑是用来代替活人殉葬的葬品，大约出现于商代中、晚期，到了两宋辽金时期已经处在衰退没落的过程中，和其他类型的雕塑相比，已经不占重要地位。尽管如此，这时期的俑仍然表现出一定的时代特点，那就是题材内容的更加多样化、生活化。虽然整体来说类型不如唐代的俑丰富，但也产生出一些新的类型来，内容上更加侧重于塑造现实生活中的形象。例如以表现墓主人生前生活场景为中心的作品，将其各种生活场面应有尽有地塑造出来，非常生动具体。在这个时期的俑中，男仆、女佣、文吏、武士、马夫、书生、戏子、厨子，各色人等、各种形象都能见到。

宋代木雕观音像

从俑的材料来看，有石、木、陶、瓷、甚至铁等许多种类。石俑在宋以前较少，但这时明显增多了，有的简洁粗犷，有的精雕细刻，其中尤以河南方城范氏墓（宋绍圣元年，1094）和疆氏墓（宋宣和元年，1119）出土的两批最为出色。石俑的数量很多，形象种类也很丰富。有一件武士俑，方头大脸，宽鼻厚嘴，吊睛竖眉，表情严肃，拱手于胸前，头部却微微扭向一侧，姿态傲慢，气势不凡；另外一件双髻侍女，面容圆润清秀，蛾眉凤目，高鼻梁，樱桃小嘴，神情娇矜，整体造型比例准确，刻画细致入微，非常生动逼真，是难得的上乘之作，显示出宋代人物雕刻方面的高超技艺。

宋代木雕的水平很高，木俑当中也有很多优秀作品。杭州老和山曾出土 24 件木俑，刀法洗练准确，虽不作细腻雕琢，而人物已然姿态神情毕现。辽代也有用木俑随葬的例子，北京大兴的一座辽天庆三年（1113）的墓葬内，曾发现两个大型木偶人，高 1.4 米，由 17 个部件组成，关节可以活动，背部有活动木盖，内装烧过的骨骸，十分奇特。

陶、瓷俑在两宋辽金时期乃是俑的主流，不仅数量大大超过其他类型的俑，而且作品更加具有表现力，更容易达到细致入微、栩栩如生的境界。宋代是瓷器工艺非常发达的时期，以瓷为俑也是当时的一大特色，不过多集中于南方地区，如江西、安徽、江苏；北方地区多陶俑、砖雕戏文俑、壁俑，四川一带也多用陶俑随葬。

安徽望江县曾经出土6件北宋白瓷生肖俑，高约19.5厘米，人像的胸前贴有虎、狗、鼠、兔、牛、羊等动物的形象，呈上宽下细的瓶状，造型简洁。这些俑头戴平顶圆形道冠，衣纹处理非常简练，整体造型虽然十分接近，但在面部却刻画出各异的神态：鼠、兔俑表情严肃，牛、羊俑则温顺可爱。江西景德镇出土的一件北宋素瓷女坐俑，衣着华丽，仪态端庄，似乎是生前为贵妇的墓主人的写照，而作者综合运用了雕塑、刻画、模印等多种技法，既生动地表现了人物的面部表情，又不厌其烦地刻画出大髻、披巾、百褶裙、凤头鞋等服饰特征，显示出很高超的技艺。在景德镇还出土过拱手男俑、掩口女俑，披麻戴孝，哀号痛哭，这样的孝子孝女瓷俑是其他时代所没有的，说明宋代格外重视孝道。

陶俑质地不如瓷俑细腻，所以往往结合彩绘来表现。河南焦作李封的一批彩绘陶俑色彩非常鲜艳，是宋代陶俑中较有特色的作品。四川广汉雒城的两件北宋武士俑，高62厘米，绿釉陶质，身着铠甲，怒目而视，应该是镇墓避邪用的门神。在同一座墓中还发现过一件厨炊俑，高8.6厘米，长17.4厘米，也是绿釉陶质，由灶和烧火俑组成。烧火俑扎头巾，后有搭肩，身穿长裤、窄袖短衣，左腿跪地，右腿屈蹲，左手支在

宋代抱鸡俑

膝上，右手握物（应为吹火筒），上身前倾，正在往锅下吹火，这种生活场景非常真实生动。

金代的墓葬也流行陶俑。在河南焦作曾经发现过舞蹈、杂剧灰陶俑。山西侯马董氏墓（金大安二年，1210）有五件彩绘杂剧陶俑，立于砖雕舞台上，身高约20厘米，面部化妆，衣着也与日常服装不同，而人物动作、表情各异，表现的当是杂剧演出场面。

两宋辽金时期的墓室还非常流行砖雕人物，取得的艺术成就甚至超过了俑。河南偃师酒流沟宋墓和白沙宋墓的杂剧砖雕是比较有代表性的作品，里面的人物形象古朴优美，具有很浓郁的生活气息和民间艺术特色。在金代的墓室里，砖雕人物和戏曲场面更为多见，如山西侯马、孝义金墓的砖雕，人物故事、花草鸟兽、内容丰富，形象细腻精致，水平很高。

玩赏性的雕塑和其他类型的雕塑相比，非常贴近生活，能够充分体现人们的生活情趣。从使用的材料来看，有泥巴、竹、木、陶瓷、玉石等，非常多样化。北宋的民间风俗中，就有每年七夕购买一种叫摩睺罗的泥娃娃的习俗，取意吉祥宜男。《苏州府志》还记载了一位擅长塑这种泥孩的匠师袁遇昌，说他的作品约高六七寸（约2米至2.3米），价值不菲。南宋的杭州还有一条“孩儿巷”，以善塑泥孩得名，说明当时玩赏性泥塑还是很常见的。南宋时期还有刻竹的作品，据记载有一个叫詹成的工匠，能在竹片上刻宫室、山水、花鸟、人物，纤毫俱备，细巧若镂。木头的材质非常适合做细腻的雕琢，北宋时的女雕刻家严氏曾经在一段不过数十厘米长的檀香木上透雕出五百罗汉，还因此得到过宋真宗的嘉奖，并赐以“技巧夫人”的称号。玉石色泽优美温润，更适合雕造赏玩的小品，不过一般来说，只能供皇家或达官贵人享有。

后记

这套丛书，历时八年，终于成稿。回首这八年的历程，多少感慨，尽在不言中。回想本书编撰的初衷，我觉得有以下几点意见需作一些说明。

首先，艺术需要文化的涵养与培育，或者说，没有文化之根，难立艺术之业。凡一件艺术品，是需要独特的乃至深厚的文化内涵的。故宫如此，金字塔如此，科隆大教堂如此，现代的摩天大楼更是如此。当然也需要技艺与专业素养，但充其量技艺与专业素养只能决定这个作品的风格与类型，唯其文化含量才能决定其品位与能级。

毕竟没有艺术的文化是不成熟的、不完整的文化，而没有文化的艺术，也是没有底蕴与震撼力的艺术，如果它还可以称之为艺术的话。

其次，艺术的发展需要开放的胸襟。开放则活，封闭则死。开放的心态绝非自卑自贱，但也不能妄自尊大、坐井观天：妄自尊大，等于愚昧，其后果只是自欺欺人；坐井观天，能看到几尺天，纵然你坐的可能是天下独一无二的老井，那也不过是口井罢了。所以，做绘画的，不但要知道张大千，还要知道毕加索；做建筑的，不但要知道赵州桥，还要知道埃菲尔铁塔；做戏剧的，不但要知道梅兰芳，还要知道布莱希特。我在某个地方说过，现在的中国学人，准备自己的学问，一要有中国味，追求原创性；二要补理性思维的课；三要懂得后现代。这三条做得好时，始可以称之为21世纪的中国学人。

其三，更重要的是创造。伟大的文化正如伟大的艺术，没有创造，将一事无成。中国传统文化固然伟大，但那光荣是属于先人的。

21世纪的中国正处在巨大的历史转变时期。21世纪的中国正面临着史无前例的历史性转变，在这个大趋势下，举凡民族精神、民族传统、民族风格，乃至国民性、国民素质，艺术品性与发展方向都将发生巨大的历史性嬗变。一句话，不但中国艺术将重塑，而且中国传统都将凤凰涅槃。

站在这样的历史关头，我希望，这一套凝聚着撰写者、策划者、编辑者与出版者无数心血的丛书，能够成为关心中国文化与艺术的中外朋友们的一份礼物。我们奉献这礼物的初衷，不仅在于回首既往，尤其在于企盼未来。

希望有更多的尝试者、欣赏者、评论者与创造者也能成为未来中国艺术的史中人。

史仲文